怦然心动的玻璃罐甜点

CAKE IN
A JAR

[韩]金玟廷—著　秦娜—译

重庆出版集团 重庆出版社

版贸核渝字（2016）第029号

图书在版编目（CIP）数据

怦然心动的玻璃罐甜点 /（韩）金玟廷著；秦娜译. -- 重庆：重庆出版社，2017.2

ISBN 978-7-229-11545-6

Ⅰ.①怦… Ⅱ.①金… ②秦… Ⅲ.①甜食—制作
Ⅳ.①TS972.134

中国版本图书馆CIP数据核字（2016）第210916号

怦然心动的玻璃罐甜点
PENGRANXINDONG DE BOLIGUAN TIANDIAN

［韩］金玟廷　著

秦　娜　译

策　　划：华章同人

出版监制：陈建军

责任编辑：陈　丽

特约编辑：余椹婷

营销编辑：刘　菲

责任印制：杨　宁

封面设计：周周设计局

重庆出版集团
重庆出版社　出版

（重庆市南岸区南滨路162号1幢）

投稿邮箱：bjhztr@vip.163.com

三河市嘉科万达彩色印刷有限公司　印刷

重庆出版集团图书发行有限公司　发行

邮购电话：010-85869375/76/77转810

重庆出版社天猫旗舰店
cqcbs.tmall.com

全国新华书店经销

开本：787mm×1092mm　1/16　印张：14　字数：100千
2017年2月第1版　2017年2月第1次印刷
定价：49.80元

如有印装质量问题，请致电023-61520678

"给心爱的孩子们"

"颜值爆表、美味可口"
罐蛋糕

CONTENTS

前言

即使不娴熟，也会爱上烘焙。
于我而言，做蛋糕一直是一件乐事!

用双手亲自制作的蛋糕。

　　在开烘焙学堂的过程中，我感受到，想用自己的双手制作蛋糕的人真的很多。因为，即使手艺并不娴熟，但是送给某人自己亲手制作的蛋糕，比起任何一个买来的华丽的蛋糕都要特别。所有的食物都应该如此吧! 我认为在蛋糕中也融入了制作者的情感和温度。我们想亲手制作蛋糕，大概是因为我们知道一边想象吃蛋糕时开心的模样一边精心制作的蛋糕尤其珍贵吧!

希望制作罐蛋糕一直是件乐事。

　　在家制作蛋糕，虽然可以尽情使用应季水果等一些好食材，但是对于那些不熟悉烘焙或不算手巧的人来说，可能稍有负担。像甜点师一样将奶油和可丽饼有序摆放，将蛋糕表面打磨光滑，精心装饰成如同西饼店橱窗里陈列的甜点一般，很多人对于这些事情多少会有些发怵。可是，当我们把喜欢的水果、与之搭配的奶油、湿润润的可丽饼一层一层做成罐蛋糕后，愉快地享用或是馈赠他人都是让人无比幸福的事情。

轻松愉快地制作漂亮蛋糕的方法，罐蛋糕!

　　只要把准备好的材料装在透明的玻璃罐里，就可以制作罐蛋糕了。非常简单! 没那么手巧或不够娴熟都没关系。食材相间而成的蛋糕切面透过透明玻璃罐一览无余，自然美观。接下来，请准备好新鲜的食材和漂亮的玻璃罐。跟着菜谱，按步骤有条不紊地进行，只要把它们装在玻璃罐里就大功告成了。

制作罐蛋糕的准备

罐的种类

随时随地都可享用

在想吃蛋糕的时候，如果随时随地都能轻松携带并享用，那就真是太美妙了！大家应该有手托着硕大的生日蛋糕担心被绊倒或摔倒的经历吧。如果是罐蛋糕的话，就不用担心被绊倒、水果掉落滚一地、奶油造型被破坏了。聚会的时候，把漂亮的它拿出来，会成为一款相当不错的甜点。

可以长期保持风味

将蛋糕盛在玻璃罐里，可以长久保持它的风味和新鲜度。为了保持新鲜，也会将一般的蛋糕保存在专用箱子或盒子中。罐蛋糕将蛋糕装在密闭的玻璃罐里，减少了食材变干或口味变淡的可能性，因此可以长期保持风味，实在是太棒了。尤其是，普通蛋糕在冰箱里要与其他食物共享同一空间，不得已会沾染上冰箱内食物的味道。而罐蛋糕却可以将食物最初的味道原汁原味地保存下来。

利用玻璃罐特性的菜谱

虽然不同品牌的玻璃罐产品会有不同，但是根据玻璃罐的特性，可以制作出形态各异的罐蛋糕。在家里烤蛋糕时没有合适的模具，不妨尝试利用耐热玻璃材质的罐子，直接加入面糊烘焙就可以做成蛋糕了。如果可以提前准备好做蛋糕用的面糊，在前一天将面糊装在罐子里，第二天早晨烘烤，当作早餐主食也是不错的。如果想要冷食甜点，将烤好的罐蛋糕原样放在冰箱里，然后就可以享用了。利用罐子的特性，还可以制作出很多有意思的概念甜点。

任何人都可以轻松制作

如果想亲手制作蛋糕，又苦于手不够巧。那么现在这个问题就迎刃而解了。在透明的罐子里堆上食材，就可以做成自然而又可人的罐蛋糕。即使可丽饼切得歪七扭八，即使挤奶油的手艺有点糟糕，即使没有制作程序烦琐的奶油霜，也能做出相当不错的蛋糕。如果想和孩子们一起准备一个小蛋糕的话，我依然会推荐罐蛋糕。只要准备好优质食材、愉快的心情和美味的罐蛋糕菜谱就足够了。

制作罐蛋糕的准备

罐的选择 ————————————————————————

仅仅国内可以买到的玻璃罐的种类就数不胜数。虽然感觉只要按着自己的喜好选择要使用的容器就可以，但是根据蛋糕的形状、构造和创意，也会需要不同的罐子。比如，有时候需要能够用于烤箱的罐子。您可以仔细研究本书中所使用的罐子的种类，然后根据自己的需要进行选择。

230ml 梅森罐
（水晶罐）

80ml weck迷你罐

290ml weck罐

230ml 梅森罐

160ml weck迷你罐

制作罐蛋糕的准备

罐的种类

直线型罐
230ml 梅森罐

　　230ml 梅森罐是储存果酱等酱料最常用的容器，尺寸很适合做一般的罐蛋糕。有一般型和水晶布丁型，容量都是一样的。如果说200ml以下的小罐很难装数层奶油或蛋糕底的话，那么这款230ml梅森罐可以摞好几层，口感和味道都很丰富。

　　它不是罐口逐渐变小的一般储存容器的设计，所以可以原封不动地使用圆形蛋糕底，从而做成具有整洁横截面的罐蛋糕。它的大小仅相当于一般蛋糕的一小块。特别是，梅森罐是由耐热玻璃制作而成，可以作为烘焙模具使用。把做好的蛋糕面糊盛入罐中，然后放入烤箱烘烤，这样不另外准备模具也可以轻松做蛋糕。

290ml weck罐

　　这款尺寸稍微宽余，适用于盛放大量水果或多种食材。weck罐的侧面光滑且装饰少，所以里面的东西可以一览无遗。

　　如果想制作水果奶油蛋糕形态的罐蛋糕，想将水果的切面原样展现的话，可以使用这款罐子。其充裕的容量可以做成比一般的切块蛋糕稍大尺寸的蛋糕。

迷你罐
160ml weck迷你罐

　　这是一款和小酸奶罐尺寸相近的weck罐。适合制作简单的小甜点。侧面很干净，断面能够一览无遗，所以放入布丁或果冻等可以在派对上享用的甜点也是不错的。

220ml weck郁金香罐

165ml weck矮罐

塑料罐

470ml 梅森罐

230ml 梅森矮罐

118ml 梅森迷你罐

由于尺寸小，所以很难做成加入多层可丽饼的奶油蛋糕，但是适合毫无尺寸要求的柔软奶油或慕斯甜品。

80ml weck迷你罐

作为一款尺寸非常小巧的玻璃罐，比起蛋糕，更适合装简单的布丁或果冻。这个尺寸很适合轻松制作一口吃完的甜品。

常规罐

220ml weck郁金香罐

这款weck罐形态可爱，质感丰满，可以制作看起来既质朴又可口的蛋糕。

罐口比罐身窄，所以并不适合原样使用圆形蛋糕底，但是可以把蛋糕底适当切碎装罐，然后填上奶油，做出自然的感觉，所以用于制作罐蛋糕也很方便。

470ml 梅森罐

这款大容量梅森罐适用于制作大蛋糕。因为容量大，所以在制作加入很多水果等辅料的蛋糕时使用。

矮宽型罐

230ml 梅森矮罐

虽然同为230ml，但是这是一款扁平的罐子。尤其是，矮型罐子接触烤箱烤盘的面积大，热传导性能更好，所以适用于制作原样烤面糊的罐蛋糕。

165ml weck矮罐

虽然不大，但是利用罐口宽、高度低的特点，可以用来制作构成单一、层数不多的蛋糕。舀着吃方便也是矮罐的一个优点。

塑料罐

制作小杯甜点时经常使用，因为是塑料制品，所以可以装入除热甜点之外的蛋糕。相比玻璃罐，不用担心碎掉，携带很方便。另外，最好用酒精消毒后再使用。

※如果符合使用目的，也可以使用现有的其他罐子来制作罐蛋糕。如果酱罐等。

※梅森罐是由耐热玻璃制作而成，所以可以直接置于烤箱内烘烤。另外，在使用其他罐子作为烘焙模具时，一定要确认是否为可用于烤箱的容器。

制作罐蛋糕的准备

罐的准备

沸水消毒

①在锅中加入能够完全将罐子浸没的冷水，与罐子一起煮。（如果把罐子放在热水里，可能会因为急剧的温度变化而碎裂。请使用冷水，让温度慢慢上升。）烧水时请将水温保持在80℃~100℃。②在沸水中煮10分钟左右消毒后，倒放在洗碗巾上把水控干。③盖子上覆有橡胶垫的罐子，如果长时间置于高温中会变形，所以仅煮5分钟左右即可。用同样的方法将其置于洗碗巾上，使其干燥后再使用。

烤箱消毒

①可以使用烤箱对耐热玻璃容器进行消毒。不方便准备大容量的锅或罐子较大时，可以使用烤箱进行消毒。首先将罐子洗净晾干，然后放入烤箱，将烤箱温度调至100℃。②温度上升后，放置10分钟进行消毒，消毒完成后，从烤箱中取出，置于干净的洗碗巾上，待冷却。③橡胶或金属材质的盖子经过烤箱消毒后易变形，所以最好用沸水或酒精对其消毒。

酒精消毒

①不能在烤箱消毒的玻璃容器或塑料容器，最好用酒精消毒。同样是将容器洗净晾干后，用沾有酒精的洗碗巾进行擦拭。②盖子也用同样的方法进行擦拭，最后轻轻喷上酒精。③将其置于干净的洗碗巾上，残留的酒精会自然蒸发。

沸水消毒

烤箱消毒

酒精消毒

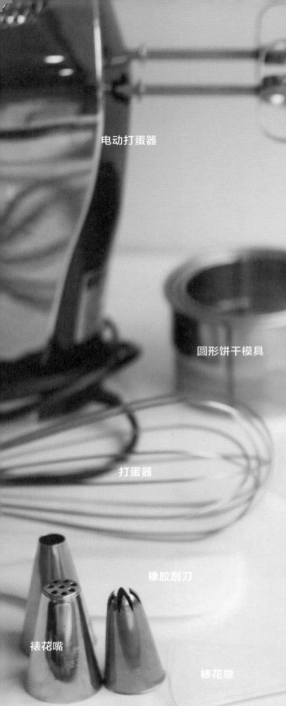

电动打蛋器

圆形饼干模具

打蛋器

橡胶刮刀

裱花嘴

裱花袋

制作罐蛋糕的准备

工具的准备

___

电动打蛋器

电动打蛋器可以方便快捷地打发鸡蛋或黄油，轻松完成手动打蛋器很难完成的空气收集。

圆形饼干模具

圆形饼干模具用于将蛋糕切割成罐子大小。一般的圆形饼干模具是由尺寸稍有不同的套装组成，使用起来非常方便。本书中将使用两种形状的蛋糕，一种是切成1cm厚度后再切碎使用，一种也是切成1cm厚度，然后切成符合罐子尺寸的圆形。使用这种饼干模具可以方便地将蛋糕切压出符合罐子尺寸的形状。

打蛋器

和电动打蛋器一样，这种工具是为了将产品打发或搅拌均匀。打蛋头有弹力而且密实的打蛋器使用起来更方便。

橡胶刮刀

这种工具用于搅拌材料或刮干净装在打蛋盆里的材料。经过耐热处理的橡胶刮刀适用于熬制卡仕达等热奶油。

裱花嘴

这是将奶油挤到蛋糕上时用到的一种工具。准备多种形状的裱花嘴，将奶油挤出个人喜欢的形状，可以使罐蛋糕的侧面更漂亮。一般圆形裱花嘴是最常用的，根据需要也会用到其他形状的裱花嘴。

裱花袋

裱花袋是与裱花嘴一起，装入面糊或奶油使用。透明的一次性裱花袋最近很流行。

锯齿面包刀

被称为"面包刀"的锯齿面包刀，其刀刃部位不是光滑平整的，而是像锯齿一样。切分杰诺瓦士蛋糕等甜点时，必须要使用锯齿刀，才能把侧面切得光滑。

奶油抹刀

这是一种用于抹平奶油或面糊的工具。有很多种尺寸，根据需要同时准备多种尺寸的抹刀，使用起来会很方便。制作提拉米苏时，为了抹平上面的奶油，偶尔会用到奶油抹刀。

锯齿面包刀

奶油抹刀

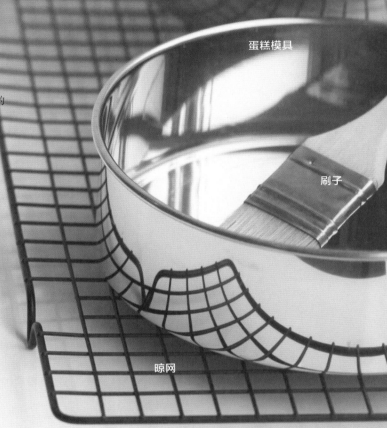

面粉筛

用于将烘焙用的粉类过筛或过滤已完成奶油中的杂质。制作甜点时用的粉类过筛后，会滤出杂质，而且随着空气的进入，结块的粉类就会散开，从而可以防止面糊中有疙瘩。

打蛋盆

用于和面或制作奶油。有很多种尺寸，可以根据制作的量来选择尺寸。如果使用电动打蛋器，那么相应地使用稍深的打蛋盆会比较方便。根据需要，除了不锈钢打蛋盆之外，也会用到玻璃打蛋盆。

蛋糕模具

在将制作完成的蛋糕糊装好进行烤制时，会用到蛋糕模具。有的罐蛋糕在制作时，可以直接将蛋糕糊装在罐子中烤制。本书中在制作杰诺瓦士蛋糕时，使用的是直径为18cm的蛋糕模具。在将蛋糕糊装入模具中时，应在底部和侧面铺上烘焙纸，以便烘焙结束后将蛋糕从模具上分离下来。

刷子

用于刷糖浆。请准备掉毛少并且质地柔软的刷子。

晾网

此工具用于冷却成品。

面粉筛

打蛋盆

蛋糕模具

刷子

晾网

的话，制作出来的产品更为轻盈柔软。

果糊

使用冷冻的果糊常常可以做出水果口味的成品，十分方便。以冷冻的形态流通、保存及称重。如果想制作水果口味的奶油或布丁，可以选择自己喜欢的口味。

黄油

黄油和鸡蛋是制作蛋糕的基本材料，黄油可以使蛋糕的口感更好。为了使其成为名副其实的口感担当，相较于人造黄油，使用口感好的天然黄油，能够制作出更美味的产品。黄油分有盐黄油和无盐黄油两种，如果没有特殊标记，在制作糕点时一般使用无盐黄油。

马斯卡彭奶酪

马斯卡彭奶酪是我们所熟知的提拉米苏的主材料，是一种奶油形态的奶酪。常用于一般糕点的制作，因其脂肪含量高，有浓郁黏稠的固体奶油的感觉。所以搅拌之前最好充分软化，特别是和生奶油一起搅拌时，因为它和生奶油的浓度不同。

面粉

面粉有保持产品骨架的作用，根据所含蛋白质的量，分为低筋面粉、中筋面粉、高筋面粉三种。在制作糕点时最常使用的是低筋面粉，但是根据需要，有时也会用到中筋面粉和高筋面粉。因为面粉很容易会结团，所以直接使用的话，会出现搅拌不均和结块的情况。所以，在使用之前，一定要过筛，筛掉疙瘩。

奶油奶酪

口感微酸、香味浓郁的奶酪——奶油奶酪，是制作奶酪蛋糕必需的材料。和马斯卡彭奶酪一样，须软化后再使用。每个品牌的奶油奶酪的酸度和口味各不相同，所以请根据个人喜好购买。

黄油

马斯卡彭奶酪

面粉

奶油奶酪

[图1]　　　　[图2]

制作罐蛋糕的准备

鸡蛋

鸡蛋作为蛋糕原材料，最好使用新鲜的。鸡蛋既可以整个使用，也可以根据需要将蛋黄和蛋清分离使用。分离蛋黄和蛋清时，需要格外小心。即使只在蛋清中混入了少许蛋黄，也会导致难以打发。

香草荚

这是甜品中最常使用的代表性香料，目的是为了添加香味或是去除鸡蛋等材料的腥味。将香草荚纵向切开，取出填满整个荚内的小黑籽放入蛋糕面糊、奶油或慕斯等当中，可以增加香草的香味。为了避免干燥，最好密封保存。将剩下的皮进行干燥后放入糖中，也有助于去除产品中的杂味。如23页（图1）所示，用刀将香草荚一分为二，然后用刀背将香草籽取出以备使用。

杏仁粉

这是将杏仁去皮研碎后的粉末形态，用于增加产品的香味。相比面粉，它能够使产品口感更加松软。因为是坚果类粉末，所以容易变酸，因此最好密封保存，防止受潮。

白砂糖

白砂糖在糕点中有很多作用，能增加甜味，使糕点上色，令口感松软，有助于面糊膨胀，此外还能防止淀粉老化，提高产品的保存效力。根据需要，也会使用绵白糖、黄糖或黑糖等，本书中没有特别说明时一般使用白砂糖。

巧克力

制作糕点时所使用的巧克力有黑巧克力、牛奶巧克力和白巧克力三种。因为每种巧克力所含的成分和口味的浓淡不尽相同，所以最好是选择使用适合产品的巧克力。如果必须要融化后使用的话，可以隔水融化或放入微波炉加热融化。隔水融化时，尤其注意要避免水分进入。进水的巧克力可能会突然变黏或结粒。

生奶油

生奶油是从新鲜牛奶中分离出脂肪的高浓度奶油。特点是，用打蛋器或电动打蛋器等打发的话，会变得像奶油一样质地坚硬。从在生奶油中加入糖或利口酒进行搅拌后使用的淡奶油，到将生奶油加热后放入吉利丁片凝固而成的意式奶油布丁，生奶油广泛地用于多种甜

鸡蛋

香草荚

杏仁粉

白砂糖

生奶油

巧克力

制作罐蛋糕的准备

制作罐蛋糕的过程

① 准备容器

研究容器的种类（参考16页）和准备（参考18页），准备好符合罐蛋糕主题的容器。

② 制作蛋糕坯

本书中在制作罐蛋糕时，主要使用的是杰诺瓦士蛋糕。食谱中需要杰诺瓦士蛋糕时，请参考28页制作方法来完成蛋糕底。杰诺瓦士蛋糕可以在烘焙后放凉直接食用，也可以切成需要的尺寸后放入冰箱冷冻保存。蛋糕可以保存一周左右，为了防止其在冰箱内变干或沾染其他食物的味道，需要将其密封严实。
冷冻的蛋糕底以密封状态取出后进行解冻，根据罐的形状和主题切开后使用。有的食谱需要使用的不是杰诺瓦士蛋糕，而是即做即用的蛋糕糊，这时可以参考相应的食谱进行制作。

③ 处理辅料

在制作需要加入水果或坚果等辅料的蛋糕时，最好在蛋糕制作完成之前提前处理好这些材料。如果在做好奶油或慕斯后再开始处理这些材料的话，奶油会发生变形，加入吉利丁片的慕斯在装罐之前也会发硬。需要提前处理的坚果，请参考食谱提前处理准备。水果洗净后根据需要去皮准备好。
表面水多的水果可以置于洗碗巾上，控干剩余水分。食谱不同，辅料的准备也不同，因此请参考具体食谱进行处理。

④ 检验工具

制作奶油或慕斯之前，最好完成蛋糕制作的准备。如③所述，奶油、慕斯、果冻等做好后直接装罐可以保持最好的口感。
核对准备好的罐子和作为辅料使用的食材、糖浆，以及完成蛋糕需要的工具，摆好后再制作奶油。

⑤ 制作奶油

请根据食谱来完成所需奶油、慕斯和果冻等的罐蛋糕。质地较稀的奶油、慕斯和布丁根据罐子的情况，盛入合适的量杯中备用，质地相对较硬可以挤出的奶油则盛入裱花袋中。根据罐子的大小和想要的奶油形状选择裱花嘴备用。

⑥ 重叠

如果做好了制作蛋糕的所有准备，那么将罐蛋糕的构成材料依次装入罐中，罐蛋糕就完成了。将蛋糕底、奶油和辅料依次摆起来，就可以轻松完成了。相较于一般蛋糕，重叠虽然不难，但是考虑到罐蛋糕要将断面原原本本地展现出来，本书中将适合容器尺寸的各个构成元素的重量都一一标注出来，这样就能更方便地完成有美观侧面的罐蛋糕了。

⑦ 装饰&包装

罐蛋糕不同于一般蛋糕，因为是装在罐中的，所以相对比较容易携带。蛋糕的断面可以直接展现出来，十分美观。但是如果作为礼物或用于促销活动，那么最好在装饰和包装上再稍花点心思。首先，在能够将蛋糕的断面展现出来的基础上，稍加包装就能漂亮而又不失自然。另外，如果将勺子一起进行包装的话便更能锦上添花了。需要注意的是，如果将好几个玻璃罐同时进行包装的话，有可能会碰碎。未封闭的塑料罐，必须在密封上花些心思，避免空气进入，只有这样才能享受到口感新鲜的罐蛋糕。

基本蛋糕食谱

有助于轻松制作罐蛋糕的基本食谱 ─────────

对于做蛋糕，熟悉基本食谱是非常重要的。这是因为，知道并熟悉了基本食谱的原理，有助于做出我们想要的成品，也有助于编写食谱。制作简便是罐蛋糕的一大优点。为了能够轻松品尝到罐蛋糕，最重要的事情便是熟知基本食谱。熟知了基本知识，烘焙会变得简单快乐。

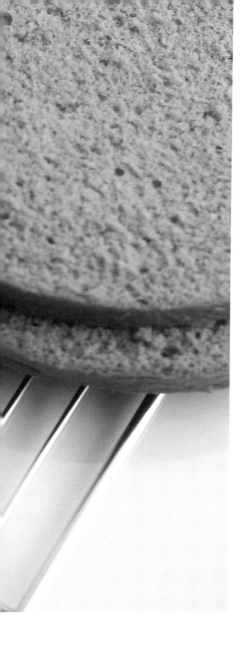

杰诺瓦士蛋糕
咖啡杰诺瓦士蛋糕
巧克力蛋糕
安格拉斯酱
卡仕达酱
炸弹面糊
香缇鲜奶油
+
糖浆
焦糖酱

杰诺瓦士蛋糕

不分离蛋黄和蛋清、用全蛋打发的方法制成的杰诺瓦士蛋糕，一般比较常见。在烤箱中烘烤时，鸡蛋中打发的气泡受热膨胀，从而制作出有类似海绵组织的蛋糕，其特点是口感松软。本书中介绍的很多食谱，都是在杰诺瓦士蛋糕的基础上，进行了灵活变化。您不妨学学这款基本的海绵蛋糕——杰诺瓦士蛋糕，将其应用到多种多样的罐蛋糕中。

原 料

1个直径18cm的圆形蛋糕模的量

鸡蛋120g+蛋黄30g，糖110g，低筋面粉100g，黄油26g+牛奶40g

准备

在18cm圆形2号罐的侧面和底部铺上烘焙纸，将低筋面粉过筛后准备好，烤箱温度预热至170℃。

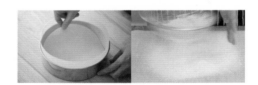

方 法

①将蛋白和蛋黄一起装盆，用打蛋器边搅拌边隔水加热。（最佳温度为37℃～40℃之间。加热至用手轻触有温热的感觉即可。）

②待到蛋液变热后，将其从水中取出，用电动打蛋器打发，最后低速收尾，使气泡稳定。

③打至蛋液表面光滑、看不到粗糙的气泡为止，这时用打蛋器将蛋液提起来，挂落的蛋糕能在表面留下线条痕迹，蛋液打发就完成了。

④在完成的蛋液中一次性加入过筛的面粉，用橡胶刮刀边向上挑边搅拌。搅拌至看不到生面、表面光滑即可。注意不要使面粉结块。

⑤将融化的黄油和牛奶[1]加入面糊中搅拌，蛋糕糊制作结束。（加入牛奶和黄油后，面糊会迅速消泡，所以要尽快完成搅拌。）

⑥将制作完成的光滑的蛋糕糊用橡胶刮刀切拌，以确认是否有残留的生面。

⑦把面糊倒入准备好的模具中，将模具在桌面上轻轻震一下，震掉蛋糕糊中的气泡。（在预热好的烤箱中烤制25～30分钟。烤制时间和温度因烤箱而异。轻轻按压一下烤好的杰诺瓦士蛋糕表面，确认是否有弹性，然后用竹签刺入，如没有东西沾上，就烤熟了。）

⑧将烤好的杰诺瓦士蛋糕倒置于晾网上冷却，用刀将完全冷却的杰诺瓦士蛋糕表层切下薄薄一片。

⑨将蛋糕翻过来，用切蛋糕用的切刀切下3片1cm厚的蛋糕片备用。

⑩制作完成的杰诺瓦士蛋糕可以立即使用，也可以密封放入冰箱冷冻保存后使用。

⑪可以将杰诺瓦士蛋糕切片后密封冷冻保存，也可以根据需要切成1cm³大小的方块后密封冷冻保存。需要时，将各个杰诺瓦士蛋糕从冷冻层取出，待回温后即可使用。

---

1 黄油和牛奶的最佳融化温度为60℃。可以使用加热蛋液的水，也可以将其放在提前预热的烤箱中融化。

❶	❷	❸
❹	❺	❻
❼	❽	❾
❿	⓫	

咖啡杰诺瓦士蛋糕

原料

1个直径18cm圆形蛋糕模的量

鸡蛋120g+蛋黄30g，糖110g，低筋面粉
96g+咖啡粉4g，黄油26g+牛奶40g

准备

和杰诺瓦士蛋糕是一样的。在准备过程中，在
低筋面粉中加入咖啡粉，一起过筛后使用。

方法

制作过程和方法同杰诺瓦士蛋糕。

巧克力蛋糕

因为可可粉会使蛋糕糊中打发的气泡消泡，所以用全蛋打发法制作杰诺瓦士蛋糕时，很难维持蛋糕糊的蓬松感。

原 料

1个直径18cm圆形蛋糕模的量

蛋黄80g，糖55g，蛋白100g，糖50g，低筋面粉75g，可可粉15g，牛奶10g，黄油10g

准备

在模具的侧面和底部铺上烘焙纸，低筋面粉和可可粉过筛，烤箱预热至170℃。

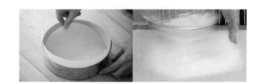

方 法

①在蛋黄中加入55g糖，用电动打蛋器高速搅拌。

②充分搅打至蛋黄糊表面出现线状且发白。

③在蛋白中分三次加入50g糖，然后用电动打蛋器进行搅拌。

④搅拌至蛋白拉出直立尖角的状态（硬性发泡）即可。

⑤在④的蛋白糊中加入蛋黄糊，用橡胶刮刀搅拌均匀。

⑥将过筛的面粉一次性加入，然后用橡胶刮刀切拌。（加入可可粉后，蛋糕糊会迅速消泡，所以要尽快完成搅拌。）

⑦将融化的牛奶和黄油（融化至60℃左右）加入⑥的糊中。

⑧制作成质地光滑的蛋糕糊。

⑨把面糊倒入准备好的模具中，将模具往桌面上轻轻震一下，震掉气泡。（在预热至170℃的烤箱中烤制25～30分钟。烤制时间和温度因烤箱而异，所以请根据烤箱情况进行调整。轻轻按压一下烤好的杰诺瓦士蛋糕的表面，确认是否有弹性，然后用竹签刺入，确认有无东西沾上，以此来判断烤制状态。）将烤好的杰诺瓦士蛋糕倒置于晾网上冷却，用刀将完全冷却的杰诺瓦士蛋糕的表面切下薄薄一层。

⑩将蛋糕翻过来，用切蛋糕用的切刀切出3片1cm厚的蛋糕片备用。

⑪制作完成的杰诺瓦士蛋糕可以密封放冰箱冷冻保存后再取出使用。杰诺瓦士蛋糕在使用时须切成需要的形状，可以将其切片后密封冷冻保存。

⑫也可以根据需要切成1cm³大小的方块后密封冷冻保存。需要时，将杰诺瓦士蛋糕从冷冻层取出，待回温后即可使用。

10～12步可以参照p28杰诺瓦士蛋糕食谱。

❶	❷	❸
❹	❺	❻
❼	❽	❾

安格拉斯酱

安格拉斯酱是非常基础的一款奶油。这款奶油由蛋黄、糖和牛奶三种材料制作而成，其特点是有轻微黏性。安格拉斯酱是制作慕斯时常会用到的基本材料，所以熟记其制作方法将会非常方便。

原 料

完成量约100g

牛奶61g，蛋黄34g，糖25g

准备

将牛奶盛入奶锅加热。

方 法

①将蛋黄放入盆中，用打蛋器将其打至发白。
②把糖全部加入蛋黄糊中，用打蛋器充分搅拌。
③将加热好的牛奶加入少许充分搅拌。
④然后重新倒入锅内置于火上。
⑤边用文火加热边不断搅拌，直至安格拉斯酱变黏稠（约82℃）。
⑥用橡胶刮刀挖出一层，如果浓度达到能够留下明显指印的程度，安格拉斯酱就完成了。（安格拉斯酱如果蒸煮过度，鸡蛋就会煮熟，容易结块。测量好温度或通过仔细判断浓度后，将其从火上取下。）

卡仕达酱

作为蛋奶羹或奶油泡芙原料而被人熟知的卡仕达酱，是糕点制作中最常使用的奶油之一。因为加入了牛奶、鸡蛋和淀粉等成分，所以具有香喷喷的味道和耐嚼的口感，用途广泛，与香缇鲜奶油一起加入时，能够起到增加风味的作用。在制作其他奶油时，也可以作为基础酱。

原 料

完成量约200g

牛奶138g，香草荚1/4个，蛋黄41g，糖24g，
玉米淀粉15g，黄油9g，樱桃酒7g

方 法

①在牛奶中加入香草荚，然后倒入锅中，煮至边缘轻沸。
②在蛋黄中加入糖，用打蛋器打至发白后，加入玉米淀粉充分搅拌。
③在②的糊中加入①中煮过的牛奶后拌匀，再次盛入锅中，边搅拌边加热。
④边加热边不断搅拌，以保证锅底的面糊不会煮熟。开始发黏后，继续充分加热至表面呈现光滑的状态。
⑤当面糊变得充分黏稠后，从火上取下，接着加入黄油拌匀，然后再加入樱桃酒进行搅拌。
⑥将完成的卡仕达酱过一遍筛，滤掉香草荚外壳。最好将其在烤盘中平铺成薄薄一层，以快速降温。卡仕达酱相比其他奶油更容易变质，所以要要留意卫生。将制作完成的卡仕达酱放入冰箱或置于冰水中降温，避免长时间保持温热状态。

| ❶ | ❷ | ❸ |
| ❹ | ❺ | ❻ |

❶	❷-1	❷-2
❸	❹	❺
❻		

炸弹面糊

在蛋黄或鸡蛋中加入糖浆杀菌，同时形成有量感的形态，这种形态叫作"炸弹面糊"。和安格拉斯酱一样，因为在制作糕点中广泛使用，所以熟记其制作方法会很方便。

原料

完成量约95g

蛋黄45g，糖37g，水15g

方法

①在蛋黄糊中加入糖和水。
②在沸水中隔水加热，边加热边中速搅拌。（将温度加热至80℃，以达到杀菌效果。可以使用温度计或通过蛋黄液的黏度来确认。）[1]
③从加热的水中取出后，用电动打蛋器快速搅拌，直至冷却至室温，这时炸弹面糊就完成了。
④完成的炸弹面糊。

香缇鲜奶油

在生奶油中加入糖和提味用的利口酒打发后形成质地偏硬的霜，这种霜叫作香缇鲜奶油。它是制作我们所熟知的生奶油蛋糕的基础。虽然做法不难，但是如果能掌握要点的话，就能做出更好的香缇鲜奶油了。

原料

生奶油100g，糖6g，利口酒约5g

方法

①将生奶油[2]盛入面盆中，然后加入糖和利口酒开始打发。因为生奶油不断搅拌后会渐渐变硬，所以制作时要注意不能过度打发。
②生奶油根据需要搅拌程度各不相同。一般在制作慕斯时打发至6分、在用于糖霜或装饰时则打发至8分。如过度打发，会导致油水分离，所以操作时须注意。
③打发至6分的状态。
④打发至8分的状态。

---

1 如果蛋黄液量少或汤锅大，用温度计测量可能会不精确，所以也可以通过肉眼来判断黏度。和安格拉斯酱一样，出现少许黏度时将其从加热的水中取出。
2 生奶油在低温状态下更容易打发，所以可以隔冰水搅拌。

❶	❷
❸	❹

❶	❷
❸	❹

糖浆[1]

糖浆具有使海绵蛋糕口感松软、使面饼和奶油搭配更加协调的作用。一般和与蛋糕口味相得益彰的利口酒一起使用，来提升蛋糕的口感。

原 料

水40g，糖20g，利口酒5g

方 法

①将水和糖放入锅内，置于火上，煮至轻微沸腾。糖浆如果煮过头会导致水分过分蒸发，从而导致浓度升高，液体变黏稠，所以只需煮至糖溶化即可。

②糖浆冷却后，加入符合各自食谱的利口酒，以提升口感。（利口酒在糖浆热的时候加入，会因香气散发而变淡，所以最好是在糖浆冷却后加入。）

1　糖浆可以提前做好备用，因此如果提前做好的话，要密封保存。同时准备好涂抹糖浆的刷子。

焦糖酱[1]

焦糖是指焦化的糖。如果将糖加热，一开始会熔化，继续加热则颜色会逐渐加深，变成褐色。我们把这叫作"焦糖"。如果在里面加入生奶油，制作成酱汁形态，就可以广泛用于制作焦糖味甜品。

原 料

完成量约163g

糖100g，生奶油100g

方 法

①将糖在锅内平铺薄薄一层，置于火上。将糖充分加热，直至所有的糖都熔化且出现褐色。（在熬制过程中，最好不要搅拌。因为糖具有结晶的性质，所以在焦糖中可能会结块。）

②糖熬至出现适当的褐色。（如果颜色太淡，焦糖的味道也会淡。如果颜色太深，会散发烧焦的味道。）

③在②中倒入热的生奶油，进行搅拌。将糖进行熬制后，其温度会升高，所以如果加入凉生奶油，会因较大的温差，导致生奶油沸腾溢出。最好将生奶油加热以减少温差。

④充分搅拌生奶油，搅拌平滑后，焦糖酱就完成了。

1　焦糖酱可以提前做好冷藏保存。但是因为其中加入了生奶油，所以最好尽快使用。

| ❶ | ❷ |

| ❶ | ❷ | ❸ |
| ❹ | ❺ |

制作罐蛋糕

罐蛋糕食谱 ————————————

虽然凡是装在罐子中的蛋糕都可以叫作罐蛋糕，但是如果充分发挥罐蛋糕独有的优点来制作蛋糕，我们便可以品尝到更加美味的罐蛋糕。因为这是装在罐子中的蛋糕，所以可以装比较绵软且容易变形的奶油，也可以利用果冻或布丁柔软的质地带来口感上的乐趣。可以加入糖渍水果来丰富味道，也可以加入面包屑或焦糖坚果等多种质感的食材，感受搭配和谐的味道和别具一格的口感。

从受众多人钟爱的口感细腻的生奶油起酥蛋糕、做法简单的意式奶油布丁、加入水果的果冻、质地绵软的慕斯蛋糕，到做好面糊装罐烤制的磅蛋糕，本书会介绍一些使用不同罐子制作蛋糕的食谱。

逐一照着喜欢的食谱制作，不知不觉间我们会发现，32种罐蛋糕全都可以亲手制作出来。希望大家可以用罐子亲手制作美味可口的蛋糕，和喜欢的人一起幸福下去。

应季水果和香草罐蛋糕

FRUITS VANILLA

———————— Recipe01 ————————

首先盛上新鲜的樱桃，当然也不能漏了我喜欢的树莓和蓝莓，还有装满熟透的芒果和
猕猴桃！每次经过水果店的时候，我的菜篮总会被水果装得满满的。还有像水果这样
棒的零食吗？使用每个季节的应季水果制作而成的新鲜蛋糕，不论何时应该都是美味
可口的最棒的甜品。放满像香草冰淇淋一样柔软的香草奶油，就能做出与任何一种水
果都能相得益彰的美味的罐蛋糕了。

应季水果和香草罐蛋糕

5个290ml weck罐的量

原料 ————————————————————

杰诺瓦士蛋糕（参考p28）

圆形（直径6.3cm×厚度1cm）5片，圆形
（直径7cm×厚度1cm）5片

香草奶油（完成量400g，每罐使用80g）

卡仕达酱（牛奶250g、蛋黄50g、糖50g、
玉米淀粉30g、黄油20g、香草荚1个）、生
奶油175g、马斯卡彭38g、樱桃酒[1]5g

糖浆

水40g、糖20g、樱桃酒6g

完成

290ml weck罐、杰诺瓦士蛋糕（片直径
6.3cm1，片直径7cm1）、香草奶油80g、水
果适量

准备

准备5个290ml weck罐（参考p18）。提前做
好杰诺瓦士蛋糕，切成1cm厚度后，压出直径
6.3cm、直径7cm的圆形各5片备用。将水果切
成适宜入口的大小，置于洗碗巾上沥干水分。
糖浆提前做好放凉备用。

方法 ————————————————————

制作香草奶油

①在牛奶中放入香草荚，然后上锅煮至边缘开始轻沸。②在蛋黄中加入糖，用打蛋器搅拌至呈
现乳白色后，再加入玉米淀粉搅拌。③把①中煮沸的牛奶加入②的盆中搅拌，重新上锅，边搅
拌边加热。如果变黏稠且表面呈光滑状态，卡仕达酱就做好了。把卡仕达酱放入冰箱，使其冷
却（参考p32）。④将生奶油、马斯卡彭和樱桃酒装入盆中，打发变硬。⑤在做好的卡仕达酱
中加入④中的生奶油加以搅拌，香草奶油就做好了。将做好的奶油盛入裱花袋，以便装罐。

完成

⑥在罐子中灌入20g香草奶油后，铺上直径为6.3cm的杰诺瓦士蛋糕。刷上糖浆，再灌入20g香
草奶油，然后加入准备好的水果。再用20g香草奶油填满水果间隙。⑦放入切成直径7cm的圆形
杰诺瓦士蛋糕，刷好糖浆后在上面挤上20g香草奶油，蛋糕制作完成。⑧放上准备好的水果进
行装饰。

1 　樱桃酒是樱桃风味的烈酒。与放入草莓等水果制作而成的蛋糕味道相配。

❶	❷
❸	❹
❺	❻-1
❻-2	❼

绵软的香草奶油罐蛋糕，
搭配任何新鲜的应季水果都非常适合！

草莓果冻和炼乳慕斯罐蛋糕

STRAWBERRY CONDENSED MILK

Recipe02

草莓这种水果仅在春天与我们有非常短暂的交集，所以感觉整个春天都应该拼命吃草莓。虽然我总是下决心在短暂的草莓季过去之前，要把所有能用草莓做的甜点统统做出来吃一遍，但是，很多时候还没等我将烦琐复杂的甜点尝试个痛快，春天就一晃而过了。给人十足新鲜草莓感觉的圆鼓鼓的草莓果冻和绵软的炼乳慕斯制作而成的罐蛋糕，能让人重温儿时吃过的草莓沙冰香甜绵软的口感。

草莓季一定要尝试！香甜爽口的草莓甜点

a fresh strawberry dessert!

草莓果冻和炼乳慕斯罐蛋糕

5个160ml weck罐的量

原 料

杰诺瓦士蛋糕（参考p28）
圆形（直径4.8cm×厚度1cm）10片

炼乳慕斯（完成量150g，每罐使用30g）
牛奶25g，炼乳18g，蛋黄22g，糖2g，吉利丁片2g，生奶油95g

草莓果冻（完成量225g，每罐使用45g）
吉利丁片4.5g，水169g，蜂蜜50g，草莓果糊17g，茶叶（皇家树莓4g）

完成
160ml weck罐，杰诺瓦士蛋糕2片，炼乳慕斯30g，草莓果冻45g，草莓切块，树莓适量

准备

准备5个160ml weck罐（参考p18）。提前做好杰诺瓦士蛋糕，切成1cm厚度，然后压出10片直径为4.8cm的圆形，将杰诺瓦士蛋糕一片一片依次铺在罐中。将草莓和树莓切成适宜入口的大小，然后置于洗碗巾上，沥干水分。吉利丁片于冷水中泡发备用（参考p22）。

方 法

制作炼乳慕斯

①用牛奶、蛋黄和糖制作安格拉斯酱（参考p32）。在完成的热安格拉斯酱中加入泡发的吉利丁片，使其融化。

②在①中加入打发至6分的生奶油（参考p34），进行搅拌。因为加入了吉利丁的慕斯会慢慢变硬，所以完成后最好马上盛入模具。

③在罐子里铺上一片准备好的杰诺瓦士蛋糕，然后将慕斯（约30g）填满罐子的一半，再铺一片杰诺瓦士蛋糕，然后放入冰箱冷冻1个小时左右，使其凝固。

制作草莓果冻

④在锅内装水，煮沸后加入茶叶（皇家树莓）[1]盖上盖子泡透。（泡四五分钟后将茶叶捞出。）在泡过茶的热水中加入吉利丁片（在水中泡发过的）、蜂蜜和草莓果糊，加以搅拌，果冻基底就完成了。[2]

⑤取出在冰箱冷藏变硬的炼乳慕斯，在上面放上草莓和树莓等水果，并倒入果冻基底（约45g）。然后重新放入冰箱冷藏1个小时左右，使其凝固。

1　使用树莓茶是为了使果冻散发出树莓的香气和色泽，使用任何一种茶叶都是可以的。在这个食谱中使用的是Ronnefeldt公司的Raspberry Royal。

2　吉利丁片的融化温度是50℃~60℃。如果水温太凉，或在加入了其他材料后再加入吉利丁片，这会导致吉利丁片融化不彻底，所以最好先把吉利丁片放入热水中。如果因为时间延误导致果冻基底冷却，则需要重新加热。

❶	❷
❸	❹-1
❹-2	❺

来一口将绵软的炼乳慕斯和爽口的草莓果冻配合得恰到好处的罐蛋糕！

巧克力和树莓罐蛋糕

CHOCOLATE RASPBERRY

Recipe03

在特浓巧克力中加上酸味的树莓，一款特别的罐蛋糕就诞生了。如果不是树莓成熟的季节，也可以使用冷冻树莓。树莓的籽嚼起来回味无穷，所以我把它做成树莓果酱，和特浓巧克力慕斯一起装罐。令人吃惊的是，特浓巧克力和树莓真是绝妙的搭配。

巧克力和树莓罐蛋糕

5个165ml weck矮罐的量

原 料

杰诺瓦士蛋糕（参考P28）

1 cm³ 大小的方块35g

树莓果酱（完成量200g，每罐使用10g）

树莓250g，糖45g，糖37g，果冻粉1g，柠檬汁3g

巧克力慕斯（完成量175g，每罐使用35g）

牛奶22g，黑巧克力49g，生奶油111g

糖浆

水40g，糖20g，樱桃酒5g

完成

165ml weck矮罐，杰诺瓦士蛋糕7g，树莓果酱10g，巧克力慕斯35g，树莓15个（5罐的量，共约75个）

准备

准备5个 165ml weck矮罐（参考p18）。提前做好杰诺瓦士蛋糕，切成1cm³大小的方块。将制作树莓果酱的37g糖和1g果冻粉充分搅拌，以防结块。将树莓洗净后，置于洗碗巾上沥干水分。

方 法

制作树莓果酱

①将树莓和45g糖放入锅中，大火煮沸。刚开始沸腾时，调至小火，然后加入搅拌好的37g糖和1g果冻粉。在汤汁开始变黏时加入柠檬汁，然后从火上取下。将热果酱立即装入容器中密封好。[1] 果酱变凉后，取50g盛入裱花袋中备用。

制作巧克力慕斯

②将黑巧克力半融化，并将牛奶加热至80℃。[2] 把煮好的牛奶加入黑巧克力中，使其乳化至光滑状态，这样巧克力甘纳许就制作完成了。[3] ③将生奶油打发至6分，和巧克力甘纳许混合，完成巧克力慕斯的制作。将做好的慕斯盛入裱花袋，以便装罐。

完成

④在罐中放入7g杰诺瓦士蛋糕，用刷子刷一层糖浆。
⑤加入15g巧克力慕斯，然后再放入13～15个树莓，在树莓表层填上10g树莓果酱。再装入20g巧克力慕斯，罐蛋糕就做好了。最后，用剩余树莓进行装饰。

---

1 果酱提前做好后，密封放入冰箱，可以保存1年。参考p18，将热果酱装入消毒过的瓶子，盖上盖子，然后倒置，就可以密封保存了。需要时取出使用，开封过的果酱要放入冰箱保存，而且最好尽快使用。
2 在没有温度计的情况下，煮至边缘开始轻沸，温度即达到80℃左右。
3 巧克力甘纳许是指将巧克力、牛奶、生奶油或液体材料搅拌均匀后的一种乳化形态。为防止空气进入，需要充分搅拌，这样才能做出柔滑有弹性的巧克力甘纳许。

巧克力树莓罐蛋糕

special chocolate bottle

草莓罐蛋糕

STRAWBERRY

———————— Recipe04 ————————

无论何时用草莓制作而成的蛋糕都是最棒的，因为草莓和任何一款奶油、蛋糕底和点心都很搭，以至于草莓成熟的冬季对于家庭烘焙爱好者们来说成了最期待的季节。随着罐蛋糕的流行，草莓罐蛋糕也成了最常制作的人气蛋糕。正如法国的传统草莓蛋糕——法式草莓蛋糕一样，为了能在罐子侧面看到草莓的横切面，要加入很多颗草莓，并且装满奶油和蛋糕底，这样就能做出草莓罐蛋糕了。这款草莓罐蛋糕以口感润泽的杰诺瓦士蛋糕为基底，加入两种奶油，十分美味可口。

草莓罐蛋糕

5个290ml weck罐的量

原 料

杰诺瓦士蛋糕（参考p28）

5片圆形（直径6.3cm×厚度1cm），5片圆形（直径7cm×厚度1cm）

卡仕达酱（完成量200g，每罐使用40g）

牛奶138g，香草荚1/4个，蛋黄41g，糖24g，玉米淀粉15g，黄油9g，樱桃酒7g

香缇鲜奶油（完成量190g，每罐使用38g）

生奶油179g，糖11g，樱桃酒5g

糖浆

水40g，糖20g，樱桃酒5g

完成

290ml weck罐，杰诺瓦士蛋糕（1片直径6.3cm、1片直径7cm），卡仕达40g，香缇鲜奶油38g，草莓2个（5罐的量，共准备10个。装饰用草莓另行准备）

准备

准备5个290ml weck罐（参考p18）。提前做好杰诺瓦士蛋糕，切成1cm厚度，然后分别压出5片直径为6.3cm和直径为7cm的圆形备用。将其中一半草莓切成薄片（用于蛋糕侧面），另一半草莓切成小块，然后置于洗碗巾上，沥干水分。将香草荚对半切好备用（参考p22）。

方 法

制作卡仕达酱（参考p32）

①在牛奶中放入香草荚，然后倒入锅中，煮至边缘开始轻沸。

②在蛋黄中加入糖，用打蛋器打至发白后，加入玉米淀粉充分搅拌。

③在②的糊中加入①中煮过的牛奶后拌匀，再次盛入锅中，边搅拌边加热。当面糊变得充分黏稠且表面呈现光滑的状态后，从火上取下，接着加入黄油拌匀，然后再加入樱桃酒进行搅拌。将卡仕达酱放入冰箱冷却备用。冷却后将其盛入裱花袋，以便装罐。

制作香缇鲜奶油（参考p34）

④在生奶油盆中加入糖和樱桃酒，打发至8分，香缇鲜奶油就制作完成了。将其盛入裱花袋，以便装罐。

完成

⑤将10g香缇鲜奶油盛入准备好的罐中。在上面铺上直径为6.3cm的杰诺瓦士蛋糕后，再用刷子刷一层糖浆。接着再装入10g香缇鲜奶油，然后将切成薄片的草莓放入罐中，贴在罐壁上。在罐子的中间装入切成块状的草莓（约30g）。

⑥用香缇鲜奶油（约40g）填满草莓的间隙后，在上面覆盖上直径为7cm的圆形蛋糕底，再刷一层糖浆。在表层最后填一层香缇鲜奶油（约18g），然后用草莓等进行装饰，这样蛋糕就完成了。

❸	❹
❺-1	❺-2
❺-3	❺-4
❻-1	❻-2
❻-3	❻-4

无论何时都是最棒的！草莓罐蛋糕

VERY, VERY GOOD!

树莓慕斯罐

RASPBERRY

———————————— Recipe05 ————————————

慕斯在法语里是"泡沫"的意思。我们把像泡沫一样质地柔软轻盈的奶油称作慕斯。
这道甜点具有在口中慢慢融化的口感，所以吃起来心情愉悦。用树莓做成的慕斯，不
仅口感清爽，而且质地柔软，所以很适合作为餐后甜点来享用。

树莓慕斯罐蛋糕

5个470ml 梅森罐的量

原 料

杰诺瓦士蛋糕（参考p28）

110g 1cm^{3}的方块

树莓慕斯（完成量为350g，每罐使用70g）

树莓果糊87g，糖33g，吉利丁片2.7g，柠檬汁9g，生奶油218g，树莓利口酒9g

糖浆

水40g，糖20g，树莓利口酒6g

完成

470ml 梅森罐，杰诺瓦士蛋糕22g，树莓慕斯70g，糖浆适量，树莓15个（5罐的量，共准备75个）

准备

准备5个470ml 梅森罐（参考p18）。提前做好杰诺瓦士蛋糕，切成1cm^{3}大小的方块备用。将树莓洗好，置于洗碗巾上沥干水分。糖浆提前做好后放凉备用。吉利丁片在凉水中泡发备用（参考p22）。

方 法

制作树莓慕斯

①将1/3树莓果糊盛入锅中，加入糖后加热。待糖熔化变热后，放入在水中泡发的吉利丁片，使其融化。

②在剩下的树莓果糊中加入①，搅拌好后加入柠檬汁拌匀。

③在生奶油中加入树莓利口酒，打发至7分（参考p34）。在打发的生奶油中加入②，然后搅拌均匀，树莓慕斯就完成了。将其装入裱花袋备用。

完成

④在罐中铺一层杰诺瓦士蛋糕（约11g），然后用刷子在上面刷一层准备好的糖浆。填少许树莓慕斯（约25g），然后放入15个树莓，接着再填入树莓慕斯（约25g）。

⑤再铺一层杰诺瓦士蛋糕（约11g），刷上糖浆，然后填入树莓慕斯（约20g），这样树莓罐蛋糕就做好了。

⑥用树莓等对其表面进行装饰。

树莓制成的轻盈的泡沫蛋糕

light mousse bottle!

格雷伯爵茶罐蛋糕

EARL GREY

———————— Recipe06 ————————

在弥漫着浓郁格雷伯爵茶香味的格雷伯爵茶罐蛋糕中加入意式奶油布丁。

格雷伯爵茶罐蛋糕

5个160ml weck罐的量

原 料 —————————

格雷伯爵意式奶油布丁（完成量为450g，每罐使用90g）

牛奶164g，生奶油274g，格雷伯爵茶叶10g，糖28g，吉利丁片5.5g

格雷伯爵巧克力香缇鲜奶油（完成量为150g，每罐使用30g）

黑巧克力35g，牛奶22g，格雷伯爵茶叶5g，生奶油106g

完成

160ml weck罐，格雷伯爵意式奶油布丁90g，格雷伯爵巧克力香缇鲜奶油30g

准备

准备5个160ml weck罐（参考p18）。吉利丁片于凉水中泡发后备用（参考p22）。

方 法 —————————

制作格雷伯爵意式奶油布丁

①将牛奶煮至轻沸，加入格雷伯爵茶叶，盖上盖子，泡四五分钟。

②茶泡好后，将茶叶过筛滤出。

③在生奶油中加入糖，煮至糖溶化，然后和①拌匀，然后加入在水中泡发过的吉利丁片，使其融化。

④将其装入准备好的罐子中（约90g），放入冰箱冷冻1小时以便凝固。

制作格雷伯爵巧克力香缇鲜奶油

⑤在半融化的黑巧克力中倒入加热过的牛奶搅拌，做成巧克力甘纳许。

⑥将生奶油打发至7分（参考p34），在打发的生奶油中加入做好的巧克力甘纳许，搅拌至绵软[1]。

⑦从冰箱冷冻室中取出变硬的意式奶油布丁后，将格雷伯爵巧克力香缇鲜奶油装入星形裱花嘴中挤出。

—————————

1　制作巧克力香缇鲜奶油时，如果过分搅打生奶油，在与巧克力甘纳许混合后，很容易发生水油分离。将其打发至7分后再与巧克力甘纳许混合，利用橡胶刮刀搅拌至绵软。

①	②
③	④
⑤	⑥-1
⑥-2	⑦

格雷伯爵意式奶油布丁和巧克力奶油罐蛋糕

panna cotta chocolate cream

青葡萄果冻和酸奶慕斯罐蛋糕
WHITE GRAPES JELLY YOGURT MOUSSE

Recipe07

酸奶常用于制作甜点。因其具备酸酸的口感和乳脂的质感，所以能搭配很多甘甜爽口的水果。在加入青葡萄的罐蛋糕中，我们也装入了与之搭配和谐的酸奶。青葡萄翠绿的色彩给人带来清新的感觉，在此基础上，又增加了圆鼓鼓的布丁和酸奶爽口的口感。

青葡萄果冻和酸奶慕斯罐蛋糕

5个160ml weck罐的量

原 料

杰诺瓦士蛋糕（参考p28）

5片圆形（直径4.8×厚度1cm）

酸奶慕斯（完成量250g，每罐使用50g）

牛奶61g，蛋黄34g，糖25g，吉利丁片3g，
原味酸奶85g，生奶油62g

果冻（完成量225g，每罐使用45g）

水186g，糖31g，柠檬汁10g，樱桃酒4g，
吉利丁片6.3g

完成

160ml weck罐，杰诺瓦士蛋糕1片，酸奶慕
斯50g，果冻45g，青葡萄适量

准备

准备5个160ml weck罐（参考p18）。提前做好
杰诺瓦士蛋糕，切成1cm厚度，然后压出5张直
径为4.8cm的圆形。将青葡萄切成适宜入口的
大小，置于洗碗巾上，沥干水分。吉利丁片于
冷水中泡发备用（参考p22）。

方 法

制作酸奶慕斯

①用牛奶、蛋黄和糖做成安格拉斯酱（参考p32）。在做好的热安格拉斯酱中加入在水中泡发
  过的吉利丁片，使其融化。
②在打发至7分的生奶油（参考p34）中加入原味酸奶拌匀。
③将①和②混合后，做成酸奶慕斯。
④将其装入准备好的罐子中（约50g），再铺一张杰诺瓦士蛋糕，然后放入冰箱冷冻1小时，使
  其凝固。

制作青葡萄果冻

⑤加入水和糖煮沸后，再放入在水中泡发过的吉利丁片，使其融化。加入柠檬汁和樱桃酒，做
  成果冻基底。
⑥取出经冰箱冷冻后凝固的酸奶慕斯，在上面放适量青葡萄，然后倒上果冻基底（约45g）。
  再次放入冰箱冷藏1小时使其凝固，这样青葡萄果冻就做好了。

爽·口·的·夏·日·甜·点

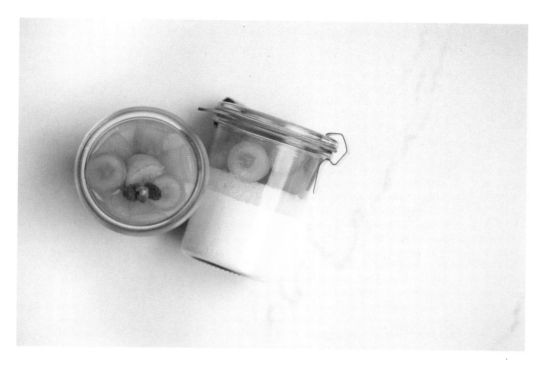

summer·dessert

蓝莓马斯卡彭奶酪罐蛋糕

BLUE BERRY MASCARPONE

Recipe08

用蓝莓酱和马斯卡彭慕斯做成的甜点。

记忆中第一次吃马斯卡彭奶酪的时候，感觉它比普通奶酪更浓郁更醇正。马斯卡彭因乳脂含量高，所以风味浓厚，同时还具有与任何一种水果都能完美搭配的温和质地。在意大利，会将马斯卡彭搭配新鲜水果一起吃，或是做成甜点。意大利的代表性甜点提拉米苏也是用马斯卡彭奶酪做成的。我曾尝试在蓝莓酱中加入马斯卡彭做成罐蛋糕。蓝莓的甜味和马斯卡彭慕斯的醇厚碰撞，味道令人十分难忘。

蓝莓马斯卡彭奶酪罐蛋糕

5个470ml 梅森罐的量

原 料

杰诺瓦士蛋糕（参考p28 ）

1 cm³ 大小的方块130g

马斯卡彭慕斯（完成量270g，每罐使用54g）

蛋黄糊64g（参考p34），马斯卡彭100g，吉利丁片2g，生奶油111g

蓝莓酱（完成量400g，每罐使用80g）

蓝莓418g，糖62g，糖62g，果冻粉1.7g，柠檬汁5g

糖浆

水50g，糖25g，樱桃酒6g

完成

470ml 梅森罐，杰诺瓦士蛋糕26g，马斯卡彭慕斯54g，蓝莓酱80g

准备

准备5个470ml 梅森罐（参考p18）。提前做好杰诺瓦士蛋糕，切成1cm³ 大小的方块备用。树莓洗净，放在洗碗巾上沥干水分，吉利丁片用水泡发备用（参考p22）。糖浆提前做好放凉，然后将做蓝莓酱所需的糖62g和果冻粉1.7g充分搅拌，以防结块。

方 法

制作蛋黄糊&马斯卡彭慕斯

①将糖和水放进盛有蛋黄的打蛋盆里，然后将打蛋盆隔水加热，同时低速搅拌。待温度达到80℃以上，鸡蛋已杀菌并开始出现轻微黏稠时，将打蛋盆从热水盆中取出，在冷却至室温前快速打发，做成蛋黄糊（完成量大约为95g，因为只需要64g，所以最好先取出64g）。

②将放在水中泡发的吉利丁片沥干水分，用火稍微加热，使其融化。取做好的蛋黄糊64g，加入融化的吉利丁片，稍加搅拌，再加入马斯卡彭，慢慢搅拌均匀。

③最后加入打发至7分的生奶油（参考p34），搅拌至顺滑，这样马斯卡彭慕斯就制作完成了。

制作蓝莓酱[1]

④在蓝莓中加入62g糖混合，浸渍一晚后过筛，将水果和水分分离。将从蓝莓中浸渍出来的水分放入平底锅中，先搅拌一下，再加入准备好的62g糖和1g果冻粉，煮至轻微黏稠。此时放入蓝莓和柠檬汁，继续熬至锅内仅剩余少许蓝莓汁并变得黏稠为止。将煮制好的蓝莓酱冷却备用。

完成

⑤在罐子中铺入杰诺瓦士蛋糕（约13g），刷上糖浆。然后加入薄薄一层蓝莓酱（约40g），再放入马斯卡彭慕斯（约27g）。再重复操作一遍上述制作过程，蓝莓马斯卡彭奶酪罐蛋糕就完成了。

⑥ 在罐蛋糕表层用打发的生奶油或是蓝莓等加以装饰即可。

1　用于制作蓝莓酱的水果最好是新鲜水果，如果没有的话，也可以使用冷冻的蓝莓。

❶	❷-1
❷-2	❸
❹-1	❹-2
❺-1	❺-2

意大利马斯卡彭

慢慢融化的味道！

胡萝卜罐蛋糕

CARROT

———— Recipe09 ————

加入胡萝卜制作而成的蛋糕，比起胡萝卜本身的味道，口感软润的蛋糕中肉桂的味道反而更加浓重。即使不喜欢胡萝卜的孩子，吃起来也会津津有味，所以可以经常做来吃。胡萝卜蛋糕使用植物油制作，因此口感软润，而且与奶油芝士是绝妙的搭配，加入奶油芝士霜会更加美味。另外，胡萝卜罐蛋糕是装在罐子中直接烤，所以就不必再准备模具了。将制作蛋糕底的面糊装入罐中，在吃前进行烤制，就可以享用到热腾腾的蛋糕了。

胡萝卜罐蛋糕

5个230ml梅森罐的量

原 料

胡萝卜蛋糕糊（完成量650g，每罐使用130g）

鸡蛋129g，黑糖103g，葡萄籽油110g，低筋面粉116g，扁桃仁粉39g，发酵粉5g，肉桂粉1.7g，食盐1g，胡萝卜129g，核桃32g

奶油芝士霜（完成量200g，每罐使用40g）

奶油芝士105g，生奶油105g，糖16g

完成

230ml梅森罐，烤制好的胡萝卜蛋糕底，奶油芝士霜40g

准备

准备5个230ml梅森罐（参考p18）。核桃研磨成核桃粉，或体积较大时将其捣碎成粉，烤好备用（温度170℃，时间10分钟）。胡萝卜切丝备用，低筋面粉、发酵粉、扁桃仁粉、肉桂粉、食盐等依次计量，过筛备用。烤箱预热至180℃。罐子内侧若用融化的黄油涂抹后再进行烤制，蛋糕不容易沾罐。

方 法

制作胡萝卜蛋糕糊

①将鸡蛋打散，加入黑糖搅拌。搅拌均匀后加入葡萄籽油再充分搅拌。
②放入筛好的面粉，搅拌至看不到生面、表面光滑即可。
③加入准备好的胡萝卜和核桃粉，完成蛋糕糊的制作。
④每个罐子中装130g，放进预热好的烤箱进行烤制（180℃ 20分钟）。将做好的胡萝卜蛋糕带罐冷却，待冷却后从罐中取出。[1]

制作奶油芝士霜

⑤加入糖，将生奶油打发至8分（参考p34）。在打发的生奶油中加入奶油芝士，慢慢搅拌，奶油芝士霜就做好了。

完成

⑥将胡萝卜蛋糕片成1cm厚。在两层蛋糕之间夹一层奶油芝士霜（每层约20g），这样胡萝卜罐蛋糕就完成了。（根据个人习惯不同，也可将奶油芝士霜加少许在蛋糕表层。）

1　用奶油抹刀或是水果刀沿着瓶子内侧刮一圈，就可以轻易将蛋糕取出。

❶	❷
❸	❹
❻-1	❻-2
❻-3	

搭配奶油芝士霜，
　　享用更美味湿润的罐蛋糕！

芒果布丁和椰子罐蛋糕

MANGO JELLY COCONUT

Recipe10

炎炎夏日，用芒果和椰子制作而成的甜点应该是最符合这个季节的口味了。将熟透的芒果切成大块做成果冻，用椰子做出类似于意式奶油布丁的口感。放入冰箱冷藏后取出食用，是夏日里一道美味的甜点。

芒果布丁和椰子罐蛋糕

5个230ml 梅森罐的量

原 料

杰诺瓦士蛋糕（参考p28）
圆形（直径4.8cm×厚度1cm）5片

椰子意式奶油布丁（完成量550g，每罐使用110g）
椰子牛奶230g，生奶油300g，糖60g，吉利丁片6g，椰子利口酒7g

芒果布丁（完成量250g，每罐使用50g）
水143g，芒果果糊83g，糖18g，吉利丁片7.5g

完成
230ml 梅森罐，杰诺瓦士蛋糕1片，椰子意式奶油布丁110g，芒果布丁50g，芒果切块50g（5罐的量，共准备250g）

准备
准备5个230ml 梅森罐（参考p18）。将杰诺瓦士蛋糕做好，切成1cm的厚度，然后压出5张直径为4.8cm的圆形备用。把芒果切成1.5cm³ 大小的小方块，置于洗碗巾上沥干水分。将吉利丁片放入凉水中泡发备用（参考p22）。

方 法

制作椰子意式奶油布丁
①将椰子牛奶、生奶油、糖放入平底锅，边搅拌边加热。加入在水中泡发的吉利丁片，待吉利丁片充分融化之后过筛。加入椰子利口酒，充分混合，意式奶油布丁就做好了。
②将制作完成的意式奶油布丁装入准备好的罐子中（约110g），然后放入冰箱冷冻1小时，使之凝固。（轻触表皮，感觉到表面结膜，并且有弹性的布丁质感时即可。）

制作芒果布丁
③将芒果果糊、糖放入锅内加热，然后加入在水中泡发的吉利丁片，待吉利丁片充分融化后搅拌，芒果布丁就做好了。

完成
④将椰子意式奶油布丁从冷冻室取出，放入一片杰诺瓦士蛋糕（直径为4.8cm的圆形），撒上芒果切块，然后装入芒果布丁（约50g）。此时再放入冰箱冷藏1小时，使之凝固。如果形成有弹力的布丁形态，就完成了。

爽口 / 夏日 / 热带 / 水果 / 蛋糕

蓝莓苹果碎罐蛋糕

BLUE BERRY APPLE

———————— Recipe11 ————————

蓝莓苹果碎蛋糕制作非常简便快捷，味道却是十分美味可口。将面包屑提前做好，冷冻保存。把苹果和蓝莓微煮后装入罐中。将之前备好的面包屑撒上后进行烤制。在忙碌的早晨，用蓝莓苹果碎蛋糕做早餐也是一个不错的选择。蓝莓苹果碎温暖的味道总是让人回味无穷。

想吃甜点而又毫无准备时，
蓝莓苹果碎蛋糕可谓是上上之选。

蓝莓苹果碎罐蛋糕

5个230ml 梅森矮罐的量

原 料

面包屑（完成量250g，每罐使用50g）

黄油83g，黄砂糖6g，糖41g，低筋面粉59g，扁桃仁粉59g，食盐1g

蓝莓苹果浆（完成量560g，每罐使用112g）

苹果约2个半，黄砂糖18g，肉桂2.5g，黄油38g，蓝莓106g

完成

230ml 梅森矮罐，面包屑50g，焖蓝莓苹果112g

准备

准备5个230ml 梅森矮罐（参考p18）。苹果去皮后，切成适宜入口的大小备用，烤箱预热至170℃。

方 法

制作蓝莓苹果浆

①在锅中放入黄油，置于火上加热。待黄油融化开时，加入黄砂糖。将锅加热至黄砂糖熔化，放入处理好的苹果和肉桂，用小火持续煮，并间歇搅拌一下。刚开始，由于苹果的水分被煮出来，所以水分持续增加，过后水分会蒸发掉，持续加热至水分蒸干。

②将做好的焖苹果装入罐中，待稍微冷却后放入蓝莓，混合备用。

制作面包屑

③在盆中放入蜡状[1]黄油，加入黄砂糖、糖、低筋面粉、扁桃仁粉、食盐等所有材料，用手反复揉按，然后将其团成一个个小面糊。将小面糊放入冰箱冷冻，固定成形。[2]

完成

④将焖蓝莓苹果（约112g）盛入罐中。从冷冻室中取出放凉的面糊，放入罐中，覆盖焖苹果（约50g）。放入预热至170℃的烤箱中烤制20分钟即可。因为焖苹果已经煮熟，所以只要面包屑变成浅棕色，就表示已经烤熟，蛋糕就做好了。

---

1 蜡状黄油是指黄油在室温下像蛋黄酱一样软软的状态。用手指按压时，会留下印痕，感觉像触摸奶油一样。

2 面包屑和冷冻曲奇饼一样，可以提前做好放在冰箱冷冻保存。团成合适大小的面糊密封后冷冻，需要的时候取出使用，非常方便。

❶	❷
❸-1	❸-2
❸-3	❹-1
❹-2	

PRESENT~

想跟某个人在一起时，

来一份温暖甜蜜且诚意满满的罐蛋糕吧！

焦糖玛奇朵罐蛋糕

CARAMEL

——— Recipe12 ———

当我心情低落时

常常会点上一杯焦糖玛奇朵。

抿一口带有香甜焦糖的牛奶泡沫，

甜蜜和温暖就会蔓延全身。

不知是因为焦糖的香甜，还是因为咖啡中的咖啡因，

心情变好，而且充满力量。

若是一份装满焦糖的咖啡罐蛋糕也能为您带来慰藉，余愿足矣。

焦糖玛奇朵罐蛋糕

5个230ml梅森罐的量

原 料

咖啡杰诺瓦士蛋糕（参考p29）

圆形（直径4.8cm×厚度1cm）15片

咖啡香缇鲜奶油（完成量225g，每罐使用45g）

生奶油180g，糖8g，咖啡利口酒15g，咖啡粉5g，水5g，焦糖沙司34g

炼乳香缇鲜奶油（完成量100g，每罐使用20g）

生奶油100g，炼乳5g

焦糖沙司（完成量163g）

生奶油100g，糖100g

糖浆（参考p36）

水40g，糖20g，咖啡利口酒18g

完成

230ml梅森罐，3片咖啡杰诺瓦士蛋糕，咖啡香缇鲜奶油45g，炼乳香缇鲜奶油20g，焦糖沙司适量（每罐使用30g，撒在表层）

准备

准备5个230ml梅森罐（参考p18）。提前做好杰诺瓦士蛋糕，切成1cm的厚度。然后压出15片直径为4.8cm的圆形备用。糖浆事先备好。焦糖沙司做好放凉，准备好用于制作咖啡香缇鲜奶油（参考p36）。

方 法

制作咖啡香缇鲜奶油

①将咖啡粉放入水中，充分融化。在打蛋盆中放入生奶油、融化后的咖啡粉、糖、咖啡利口酒、焦糖沙司，进行打发。

②一直打至有绵软的尖儿（打发至8分，参考p34）为止。将制作完成的咖啡香缇鲜奶油盛入裱花袋，以便装罐。

制作炼乳香缇鲜奶油

③在生奶油中加入炼乳进行打发，打发至有绵软的尖儿（打发至8分，参考p34）为止。将制作完成的炼乳香缇鲜奶油盛入裱花袋，以便装罐。

完成

④在罐中填一层咖啡香缇鲜奶油（约15g），再铺上一片切好的杰诺瓦士蛋糕，刷上糖浆。然后再填入一层咖啡香缇鲜奶油（约15g）。

⑤放入一片杰诺瓦士蛋糕，刷上糖浆后，再加一层咖啡奶油香醍。然后再放入杰诺瓦士蛋糕，刷一层糖浆。

⑥当三片杰诺瓦士蛋糕全部装罐后，在最表层挤上炼乳香缇鲜奶油（约20g），罐蛋糕就做好了。

⑦最后在罐蛋糕上用焦糖沙司加以装饰即可。

❶-1	❶-2
❷	❹
❺	
❻	❼

牛 奶 奶 油 和 焦 糖 ——— 香 甜 的 咖 啡 蛋 糕

白巧克力意式奶油布丁&绿茶罐蛋糕
WHITE CHOCOLATE GREEN TEA

绿茶和白巧克力真是绝配。绿茶特有的苦涩味道与白巧克力甘甜的牛奶口味相遇，绿茶变得更加醇香。可能也因为如此，在以绿茶为主的甜点中经常可以看到白巧克力的身影。缓缓融化的绿茶奶油和圆鼓鼓的意式奶油布丁，完全不同的两种味道碰撞在一起，到底会带来怎样的一种味觉体验呢？

白巧克力意式奶油布丁&绿茶罐蛋糕

5个160ml weck罐的量

原料

杰诺瓦士蛋糕（参考p28）

圆形（直径4.8cm×厚度1cm）5片

白巧克力意式奶油布丁（完成量450g，每罐使用90g）

牛奶158g，白巧克力44g，生奶油264g，糖11g，吉利丁片5g，香草荚1/4个

绿茶香缇鲜奶油（完成量100g，每罐使用20g）

绿茶粉3.5g，糖10g，水6g，生奶油86g

完成

160ml weck罐，1片杰诺瓦士蛋糕，白巧克力意式奶油布丁90g，绿茶香缇鲜奶油20g

准备

准备5个160ml weck罐（参考p18）。提前做好杰诺瓦士蛋糕，片成1cm厚，然后压出5片直径为4.8cm的圆形。吉利丁片放入水中泡发备用（参考p22）。

方 法

制作白巧克力意式奶油布丁

① 先将牛奶加热，再放入白巧克力，使之彻底融化。

② 在锅内加入融化的白巧克力和牛奶、生奶油、糖、香草荚等，置于火上加热。然后放入泡发的吉利丁片，使之融化。

③ 过筛，将杂质与香草荚沥出，这样意式奶油布丁基底就做好了。将做好的意式奶油布丁装入准备好的罐子中，每份90g，然后放入冰箱冷冻1小时左右，使其凝固。如果表面结膜、达到像布丁一样的硬度时，意式奶油布丁就制作完成了。

制作绿茶香缇鲜奶油

④ 将绿茶粉、糖和水一次性放进盆里，充分混合。

⑤ 将④放入生奶油中，打发至变硬（打发至8分，参考p34）。直到打出的奶油能用来装饰蛋糕为止，将其装入戚风裱花袋[1]中。

完成

⑥ 将冷却的白巧克力意式奶油布丁从冷冻室中取出，在上面覆盖一层杰诺瓦士蛋糕，用绿茶香缇鲜奶油加以装饰（约20g）。

⑦ 最后撒上一层绿茶粉，罐蛋糕就制作完成了。

1　被称作圣多诺黑裱花或戚风裱花的裱花嘴在需要做细长形状的装饰时所用。可以装饰出很漂亮的锯齿形花样。

①	②
③-1	③-2
④	⑤
⑥-1	⑥-2

豌豆炼乳罐蛋糕

PEA CONDENSED MILK

——————— Recipe14 ———————

用豌豆做蛋糕？听起来很陌生，但是当你吃过炼乳奶油和豌豆制作而成的蛋糕后，就会发现它们搭配起来非常协调。虽然豌豆刨冰的外表和红豆刨冰非常相似，但是在炎炎夏日来一份用当季豌豆做成的豌豆刨冰，因豌豆独有的芳香清脆，再加上有益身体健康，便有一举两得的好效果。虽然看起来很特别，但是做起来并不难，所以经常做来给孩子们当小零食。

豌豆炼乳罐蛋糕

5个220ml weck罐的量

原 料

杰诺瓦士蛋糕（参考p28）

1cm³大小的方块80g

卡仕达酱（完成量250g，每罐使用50g）

牛奶204g，香草荚1/4，蛋黄61g，糖36g，
玉米淀粉22g，黄油13g

炼乳香缇鲜奶油（完成量200g，每罐使用40g）

生奶油171g，炼乳34g

糖浆

水40g，糖20g，朗姆酒5g

完成

220mlweck罐，杰诺瓦士蛋糕16g，卡仕达
酱50g，炼乳香缇鲜奶油40g，豌豆20g（5
罐的量，共准备约100g），杰诺瓦士蛋糕
屑适量

准备

准备5个220ml weck罐（参考p18）。提前做好
杰诺瓦士蛋糕，片成1cm³的方块。糖浆事先做
好，冷却备用。香草荚对半切好，备用（参考
p22）。将剩下的杰诺瓦士蛋糕做成杰诺瓦士
蛋糕屑备用（用于表层装饰）。

方 法

制作卡仕达酱（参考p32）

①将牛奶放入锅中，加入豌豆，加热至边缘开始轻沸。
②在蛋黄中加入糖，用打蛋器打至发白，然后加入玉米淀粉继续搅拌。
③在②面盆中加入①中煮过的牛奶，混合好后重新盛入锅中，边搅拌边加热。等到变黏稠且表
　层变光滑时，从火上取下，立即加入黄油，搅拌均匀。此时将做好的卡仕达酱放入冰箱冷却
　备用。变凉后，将卡仕达酱盛入裱花袋，以便装罐。

制作炼乳香缇鲜奶油

④在生奶油中加入炼乳后打发，做成炼乳香缇鲜奶油（打发至8分，参考p34）。冷却后装盛入
　花袋，以便装罐。

完成

⑤在罐子中放8g杰诺瓦士蛋糕，刷上糖浆之后，用裱花袋将卡仕达酱（约25g）挤入罐中。然
　后放入豌豆（约10g）和炼乳香缇鲜奶油（约20g）。接着再将上述过程重复操作一遍，然后
　在表层用蛋糕屑、豌豆、少量的炼乳等加以装饰，豌豆炼乳罐蛋糕就做好了。

有着漂亮的嫩绿色、富含食用纤维的豌豆——带给人一种健康的感觉！

preety pea, feel healthy!

橙子罐蛋糕

ORANGE

———————— Recipe15 ————————

新鲜又可口的水果是制作美味蛋糕的重要元素。原材料是制作食物的基础，只有原材料口味出众、质量上乘，才能做出可口的食物。做蛋糕使我养成了一个习惯，那就是只要有时间就会去水果店转转，看看当季上市的新鲜水果。哪种水果是新上的、什么时候最好吃，边确认这些信息边想象着做蛋糕的场景，心情自然也会变好。在橙子新上市的时候，我总会做一些橙子甜点。接下来将会为大家介绍将整个橙子的味道完整保存的橙子罐蛋糕的制作方法。

橙子罐蛋糕

5个230ml 梅森罐的量

原料

杰诺瓦士蛋糕（参考p28）

圆形（直径4.8cm×厚度1cm）15片

橙子浸泡汁（5罐的量）

橙子4个，水100g，糖50g，君度[1] 40g

橙子奶油（完成量200g，每罐使用40g）

1/2个橙子的果汁，1/2个橙子的薄皮，蛋黄16g，鸡蛋51g，糖63g，玉米淀粉5g，黄油28g

香缇鲜奶油（完成量100g，每罐使用20g）

生奶油100g，糖6g，君度6g

完成

230ml 梅森罐，杰诺瓦士蛋糕3片，橙子奶油40g，香缇鲜奶油20g，橙子腌泡汁适量

准备

准备230ml 梅森罐5个（参考p18）。提前准备好杰诺瓦士蛋糕，片成1cm厚，然后压出15片直径为4.8cm的圆形。将用来制作橙子奶油的橙子清洗干净，做好橙子薄皮[2]备用。

方法

制作橙子浸泡汁

①将橙子去皮，去掉经络，只留下果肉备用。

②将糖和水煮开，冷却后，放入君度和橙子果肉，然后放入冰箱保存1天。使用前，用筛子沥出水分，只留下果肉备用。

制作橙子奶油

③在面盆中放入鸡蛋和蛋黄，轻轻打散后，将糖、玉米淀粉、橙子薄皮、橙子汁等全部加入，搅拌均匀后入锅，边搅拌边小火煮至黏稠。从火上取下，加入黄油，搅拌光滑，橙子奶油就做好了。待橙子奶油冷却后，将其盛入裱花袋中，以便装罐。

制作香缇鲜奶油

④在生奶油中加入糖和君度，打发至8分（参考p34）。将香缇鲜奶油放入裱花袋中，以便装罐。

完成

⑤在罐中放入一片杰诺瓦士蛋糕，然后依次加入橙子奶油（约20g）和三片橙子（指的是在糖浆中腌泡后去除水分的果肉）。然后将上述过程再重复操作一次，最后再加入一片杰诺瓦士蛋糕和三片橙子。在最表层挤上香缇鲜奶油做装饰，这样橙子罐蛋糕就做好了。

1　君度是一种有橙子香味的利口酒。为了增加橙子的香味而使用，如果没有的话，也可以不用。一般在大型超市可以买到。

2　加入橙子皮来制作橙子蛋糕是为了增添橙子的香味。类似于橙子和柠檬等水果的果皮香味特别浓，所以在使用时，可以将皮削薄。借助专用的去皮器来剥皮会更方便一些，果皮内侧的白色橘络有苦味，所以将其去除，只使用薄薄一层橘黄色的果皮。

❶	❷
❸-1	❸-2
❸-3	❺-1
❺-2	

用新鲜橙子制作而成的爽口的橙子奶油

orange season!

桃子提拉米苏罐蛋糕

PEACH

—————— Recipe16 ——————

可爱的粉红色桃子罐蛋糕

旅行的时候跟孩子们一起品尝过桃子蛋糕，那真是最棒的味道。

蛋糕上铺满新鲜的熟透的桃子，更有马斯卡彭浓郁的奶油味。

虽然用咖啡做的原味提拉米苏也很美味，但是用甜香的桃子糖浆浸润着蛋糕底的桃子

提拉米苏又是另一种全新的口感体验。

绵软的马斯卡彭奶油和桃子搭配在一起十分和谐。

那么我们的桃子提拉米苏又是怎样的呢？

当然是更特别一些，用蛋糕底和马斯卡彭慕斯来制作，然后在表层淋上桃子果冻。

爽口的桃子果冻和绵软的奶油搭配起来，就能做出味道迷人、形状可爱的罐蛋糕。

桃子提拉米苏罐蛋糕

5个165ml weck罐的量

原 料

杰诺瓦士蛋糕（参考p28）

1cm³ 大小的方块70g

桃子腌泡汁

水80g，糖60g，桃子利口酒15g，桃子切块
225g

马斯卡彭慕斯（完成量200g，每罐使用40g）

蛋黄糊46g（参考p34），马斯卡彭60g，吉
利丁片1.4g，生奶油91g，桃子利口酒3g

桃子果冻（完成量75g，每罐使用15g）

水50g，麦芽糖18g，吉利丁片1.3g，桃子利
口酒5g，石榴汁糖浆适量

完成

165ml weck罐，杰诺瓦士蛋糕14g，马斯卡彭慕
斯40g，桃子果冻15g，腌泡后的桃子切块适量
（约45g）

准备

准备5个165ml weck罐（参考p18）。提前做好
杰诺瓦士蛋糕，片成1cm厚，然后切成1cm³ 大
小的方块备用。将桃子去皮，切成适宜入口的
大小备用。将制作马斯卡彭慕斯的生奶油打发
至7分（参考p34），然后放入冰箱保存。将吉
利丁片用凉水泡发备用（参考p22）。

方 法

制作桃子浸泡汁

①将水和糖煮开，冷却后加入桃子利口酒。糖浆做好后，放入切好的桃子块，浸渍一个小时以
上使用。使用前过筛，将桃子和糖浆分离，糖浆用于涂抹饼干，桃子淋于蛋糕表层。

制作蛋黄糊&马斯卡彭慕斯

②将糖和水加入有蛋黄的打蛋盆中，然后放入沸水中隔水加热，边加热边搅打。待温度达到
80℃以上，鸡蛋已杀菌并开始变得黏稠时，将打蛋盆从沸水中取出，在冷却至室温前快速打
发，做成蛋黄糊（完成量约为95g。因为只需要46g，所以先取出46g）。

③将在水中泡发过的吉利丁片沥干水分，用火稍微加热，使其融化。在做好的蛋黄糊中加入融
化的吉利丁片，稍加搅拌，再加入打发至柔滑的马斯卡彭，搅拌均匀。最后加入打发至7分
的生奶油和桃子利口酒，搅拌至顺滑，马斯卡彭慕斯就做好了。

④在罐中放入一层杰诺瓦士蛋糕（约14g），然后在上边填上做好的马斯卡彭慕斯（约40g），
放入冰箱冷冻约1小时，使其凝固。

制作桃子果冻

⑤在锅中加入水和麦芽糖，加热到50℃~60℃后，放入用水泡发过的吉利丁片，搅拌使之融化。
然后倒入桃子利口酒，果冻基底就做好了。如果想要一点红色的话，就加入少许石榴汁糖浆。

完成

⑥将罐子从冷冻室中取出，在上边淋上事先准备好的桃子切块（约45g），然后洒上⑤的果冻
基底，放入冰箱冷藏1小时以上，使其凝固，这样桃子提拉米苏罐蛋糕就做好了。

❶	❷
❸	❹
❺	❻-1
	❻-2

香蕉布丁罐蛋糕

BANANA

———— Recipe17 ————

提起罐蛋糕，最先想到的一种蛋糕应该就是香蕉布丁。我想香蕉、曲奇与绵软的奶油搭配制作而成的香蕉布丁，应该是用香蕉做成的最美味的甜点了吧。不过是香蕉、奶油，再加上蛋糕底装在一起罢了，但是这三种材料却形成了完美的搭配。就像冰激凌一样，香蕉布丁挖着吃，一会儿就能透底。接下来就让我们一起来做一做这足以让人上瘾的香蕉布丁罐蛋糕吧。

香蕉布丁罐蛋糕

5个290ml weck罐

原 料

杰诺瓦士蛋糕（参考p28）

1cm³ 大小的方块50g

布丁奶油（完成量约400g，每罐使用80g）

牛奶139g，炼乳35g，香草荚1/4个，蛋黄52g，糖5g，玉米淀粉13g，黄油6g，生奶油196g，炼乳39g

炼乳香缇鲜奶油（完成量75g，每罐使用15g）

生奶油67g，炼乳10g

完成

290ml weck罐，杰诺瓦士蛋糕10g，布丁奶油80g，炼乳香缇鲜奶油15g，香蕉约1/2个（5罐的量，共需两根半香蕉）

准备

准备5个290ml weck罐（参考p18）。提前做好杰诺瓦士蛋糕，切成1cm³ 大小的方块备用。香蕉切成厚度约0.7cm备用。

方 法

制作布丁奶油

①将炼乳和香草荚放入牛奶中，然后上锅煮至边缘开始轻沸。

②在蛋黄中加入糖，用打蛋器打至发白，然后加入玉米淀粉，搅拌均匀。

③在②的盆中加入①中煮沸的牛奶，然后将其倒入锅中边搅拌边加热。等到变黏稠且表层光滑时，从火上取下，立即加入黄油，搅拌均匀，这样布丁奶油就制作完成了。将制作完成的奶油盛入裱花袋，以便装罐。

制作炼乳香缇鲜奶油

④在生奶油中加入炼乳，打发至8分（参考p34）。将制作完成的奶油盛入圆形的裱花袋，以便装罐。

完成

⑤在罐中铺一层杰诺瓦士蛋糕（约5g），再用裱花袋挤上布丁奶油（约20g），抹平。然后放入四块香蕉，薄薄地铺开。之后再挤一层布丁奶油（约20g）。然后将上述制作过程再重复操作一遍。

⑥在蛋糕表层，用圆形的裱花袋挤上一层炼乳香缇鲜奶油，最后用香蕉等加以装饰即可。

❶	❷
❸-1	❸-2
❸-3	❸-4
❺	

让人上瘾的香蕉罐蛋糕

strong addictive

樱桃克拉芙缇罐蛋糕

CHERRY

———— Recipe18 ————

法国利穆赞地区的传统点心——克拉芙缇，是法国家庭经常制作的居家甜点，制作方法十分简单。利用在利穆赞地区盛产的黑色樱桃来制作甜点的习俗传承至今，人们经常用樱桃来制作甜点。由口感像布丁一样的奶冻和香甜的樱桃搭配制作而成的克拉芙缇，可以直接装在罐中烤制，既方便又暖心，令人由衷喜爱。

樱桃克拉芙缇罐蛋糕

5个230ml 梅森矮罐

原 料

克拉芙缇浆（完成量650g，每罐使用130g）

鸡蛋120g，糖86g，食盐1g，低筋面粉69g，牛奶215g，生奶油172g，樱桃酒14g

樱桃（5罐的量约250g，每罐使用50g）

将樱桃洗净后切成两半，去籽后置于洗碗巾上。

完成

230ml 梅森矮罐，克拉芙缇浆130g，樱桃50g（约5个）

准备

准备230ml 梅森矮罐（参考p18）。先将樱桃处理好，低筋面粉过筛备用。烤箱预热至170℃。

方 法

制作克拉芙缇蛋糕底

①将打散的鸡蛋放入打蛋盆中，加入糖和食盐，用打蛋器轻轻搅打。
②将过筛的低筋面粉加入打蛋盆中，仔细拌匀。
③将牛奶和生奶油一点点加入，轻轻搅拌。
④最后加入樱桃酒，克拉芙缇蛋糕底就制作完成了。

完成

⑤将梅森罐准备好，然后加入10块切半的樱桃。在上边铺上克拉芙缇蛋糕底（约130g），隐约能看到樱桃即可。
⑥放入预热至170℃的烤箱中，烤制25分钟，这样樱桃克拉芙缇罐蛋糕就制作完成了。

美味可口

且制作方便的

法国居家甜点

焦糖香蕉罐蛋糕

CARAMEL BANANA

———————— Recipe19 ————————

今天约好要给孩子们做他们喜欢的蛋糕。一个孩子喊着要吃香蕉味的，一个孩子让做带焦糖的蛋糕。嗯，焦糖和香蕉真是一对绝好的搭配。在这种想法的驱使下，我动手制作了有焦糖和香蕉的蛋糕。做出来的蛋糕在两个孩子那里得到了不错的反响。香蕉用焦糖发酵，再浇上朗姆酒燃烧，浸入酒香。这种火焰香蕉的制作方法可以用在很多甜点中。加入火焰香蕉和焦糖沙司制作而成的罐蛋糕，将香蕉的香甜和焦糖的苦涩融合在一起，是孩子们非常喜欢的甜点，但是如果再配上一杯咖啡的话，就更加美味了。

焦糖香蕉罐蛋糕

5个220ml weck罐

原 料

杰诺瓦士蛋糕（参考p28）

1cm³ 大小的方块85g

火焰香蕉（完成量300g，每罐使用60g）

香蕉5根，糖50g，黄油19g，朗姆酒9g

焦糖香缇鲜奶油（完成量215g，每罐使用43g）

生奶油162g，焦糖沙司63g，马斯卡彭16g

焦糖沙司（完成量163g，其中63g用来做焦糖香缇鲜奶油，剩下的做表层装饰用）

生奶油100g，糖100g

糖浆

水40g，糖20g，朗姆酒7g

完成

220ml weck罐。杰诺瓦士蛋糕17g，火焰香蕉60g，焦糖香缇鲜奶油43g，焦糖沙司适量

准备

准备5个220ml weck罐（参考p18）。提前做好杰诺瓦士蛋糕，然后将其切成1cm³的方块备用。做好焦糖沙司（参考p36）和糖浆（参考p36），冷却。香蕉切成适宜入口的大小备用。

方 法

制作火焰香蕉

①在锅上均匀地撒上糖，加热至糖变为褐色。当糖变为与焦糖同样的褐色时，加入黄油，使之融化。待黄油融化之后，加入事先处理好的香蕉切片，用刮刀翻滚香蕉，使其滚上焦糖。（若时间过长的话香蕉就会变烂，所以要留意。）最后倒入朗姆酒，这样火焰香蕉就做好了。将做好的火焰香蕉放入一个大容器中，使之冷却。

制作焦糖香缇鲜奶油

②在盆中倒入生奶油，加入焦糖沙司和马斯卡彭奶酪，打发至8分（参考p34）。将制作完成的焦糖香缇鲜奶油盛入裱花袋，以便装罐。

完成

③在罐中放入10g杰诺瓦士蛋糕，刷上糖浆，然后挤上薄薄一层焦糖香缇鲜奶油（约15g）。此时将火焰香蕉放入罐中（约55g），然后再铺一层焦糖香缇鲜奶油（约15g）。

④在罐中放入7g杰诺瓦士蛋糕，刷上糖浆后，铺一层焦糖香缇鲜奶油（约13g）。

⑤最后用剩下的焦糖沙司和火焰香蕉加以装饰，焦糖香蕉罐蛋糕就做好了。

❶-1	❶-2
❶-3	❶-4
❷	❸-1
❸-2	❸-3
❸-4	❺

咖啡布丁提拉米苏罐蛋糕

COFFEE JELLY

———————— Recipe20 ————————

要说与咖啡搭配的甜点，当属提拉米苏了。意大利甜点提拉米苏现在已经广为人知，在咖啡店或是甜点屋都能见到。使用以咖啡糖浆浸渍的饼干作为饼底是传统提拉米苏的制作方法，而此书中介绍的提拉米苏是加入直接用咖啡做成的布丁，能让您体验果冻口感的咖啡。下面就让我们一起来制作马斯卡彭慕斯和咖啡果冻搭配而成的有着神奇口感的提拉米苏罐蛋糕吧。

咖啡布丁提拉米苏罐蛋糕

5个160ml weck罐

原料

杰诺瓦士蛋糕（参考p28）
圆形（直径4.8cm×厚度1cm）10片

咖啡布丁（完成量250g，每罐使用50g）
咖啡（美式咖啡）[1]250g，糖12g，吉利丁
片6g

**马斯卡彭慕斯（完成量200g，每罐使用
40g）**
蛋黄糊45g（参考p34），马斯卡彭94g，吉
利丁片1.5g，生奶油72g

咖啡糖浆
水56g，糖30g，咖啡粉5g，咖啡利口酒4g

完成
160ml weck罐，杰诺瓦士蛋糕2片，马斯卡彭
慕斯40g，咖啡果冻40g，咖啡糖浆适量

准备
准备5个160ml weck罐（参考p18）。提前做好
杰诺瓦士蛋糕，片成1cm的厚度，然后压出10
片直径为4.8cm的圆形。糖浆事先制作好后，
冷却备用（参考p36）。吉利丁片用凉水泡发
（参考p22）。

方法

制作咖啡布丁

①在250g热美式咖啡中加入糖，待糖融化后，加入在凉水中泡发的吉利丁片。待吉利丁片融化
后，咖啡果冻基底就做好了。在加入吉利丁片的咖啡果冻凝固之前，将其装入罐中。

②在备好的每个罐子中装入约50g咖啡果冻，然后放入冰箱冷冻约1小时，使其凝固。

制作蛋黄糊&马斯卡彭慕斯

③将糖和水放进盛有蛋黄的盆里，然后将盆隔水加热，同时低速搅拌。待温度达到80℃以上，
鸡蛋已杀菌并开始出现轻微黏稠时，将打蛋盆从热水盆中取出，在冷却至室温前快速打发，
做成蛋黄糊（完成量大约为95g，因为只需要45g，所以最好先取出45g）。

④将放在水中泡发的吉利丁片沥干水分，用火稍微加热，以便融化。取做好的蛋黄糊45g，加
入融化的吉利丁片，稍加搅拌，再加入打发的马斯卡彭，仔细搅拌。

⑤最后加入打发至7分的生奶油（参考p34），搅拌至顺滑，这样马斯卡彭慕斯就做好了。

⑥将在冰箱冷冻室凝固好的咖啡果冻取出，加入一片杰诺瓦士蛋糕，刷上足够的糖浆，然后装
入一半马斯卡彭慕斯。再放入一片杰诺瓦士蛋糕，刷上足够的糖浆。

⑦用马斯卡彭慕斯填满罐子，罐蛋糕就做好了。

⑧在冰箱冷藏1小时左右，待慕斯凝固后，在表层撒上可可粉，咖啡布丁提拉米苏罐蛋糕就制
作完成了。

1　美式咖啡浓度可以根据个人口味调节。

❶	❷
❹	❺
❻-1	❻-2
❼	❽

沾满咖啡糖浆的蛋糕底和马斯卡彭慕斯搭配在一起，慢慢在嘴里融化，或许正因为有如此味道，所以才得名"带我走"吧[1]。

pick-me-up

1　提拉米苏在意大利语中有"带我走"之意。

枫糖淡烤酥饼罐蛋糕

MAPLE

Recipe21

表层酥脆，内里软嫩，
裹满枫糖浆的烤酥饼

枫糖淡烤酥饼罐蛋糕

5个118ml 梅森罐的量

原料

烤酥饼（完成量250g，每罐使用50g）

鸡蛋67g，食盐1g，牛奶126g，面粉67g

枫糖香缇鲜奶油（完成量650g，每罐使用130g）

生奶油500g，马斯卡彭75g，枫糖50g，朗姆酒35g

完成

118ml 梅森罐，烤好的酥饼，枫糖香缇鲜奶油130g，枫糖浆适量

准备

准备5个118ml 梅森罐（参考p18）。将烤箱预热至190℃，最好将放置罐子的铁盘也预热一下。在罐子内侧刷上融化的黄油。

方法

制作烤酥饼

①在打蛋盆中加入鸡蛋打散。在打散的鸡蛋中加入食盐和牛奶，用打蛋器稍加搅拌。

②在①中加入面粉，轻轻搅拌，直至看不到生面（需要注意的是，用来做烤酥饼的面糊不要搅拌过度，只需要稍加搅拌使其混合在一起就可以了）。

③将面糊倒入准备好的罐子中，然后将罐子放入预热好的烤箱铁盘上进行烤制（温度190℃，时间40分钟）。烤酥饼面糊在烤制时会膨胀到罐子两倍的高度，所以在倒入面糊时要注意留下空间。如果上边还有其他的铁盘，会妨碍酥饼的烤制。

制作枫糖香缇鲜奶油

④将生奶油、马斯卡彭、枫糖、朗姆酒全部放入盆中，打发至8分（参考p34）。将制作完成的枫糖香缇鲜奶油装入裱花袋，以便装入烤酥饼的罐中。

完成

⑤待烤制好的酥饼冷却后，用刀切掉一半。然后装入枫糖鲜奶油，刷上枫糖浆，再将剩余的枫糖香缇鲜奶油全部装入罐中。

⑥最后将切下的另一半烤酥饼铺在上面，撒上肉桂粉和奶粉加以装饰，这样枫糖淡烤酥饼就做好了。

像奶油酥一样涨得很大个儿的烤酥饼在美国叫作"牛角包"。烤酥饼像牛角包一样，

里面是空的，像爆米花一样涨得很大，是一道外酥内嫩的甜点。

面糊部分是没有甜味的，所以想作为甜点享用的话，可以与香甜的奶油或水果等一起

搭配来吃。

蒙布朗罐蛋糕

MONT-BLANC

Recipe22

用栗子奶油和香缇鲜奶油制作而成的法国传统甜点

栗子奶油加上蛋白甜饼做成的蒙布朗，

能让人感觉到其特有的轻巧和酥脆。

这种搭配精妙绝伦，所以直到现在仍然受到许多人的喜爱。

跟传统的蒙布朗一样，在蛋白甜饼上淋上香缇鲜奶油，再涂上栗子奶油，

然后用糖粉来表现蒙布朗万年雪的概念。但是我选择罐蛋糕的形式，

想让您能够更方便更舒适地享受这道蒙布朗蛋糕。

亲手将这种法国的高级甜点装罐制作，

定能让我们更便捷地感受蒙布朗独特的魅力。

蒙布朗罐蛋糕

5个直径7cm、高度9cm的塑料罐

原 料

杰诺瓦士蛋糕（参考p28）

圆形（直径7cm×厚度1cm）10片

蛋白甜饼（完成量约25个）

蛋白50g，糖50g，糖粉50g

栗子奶油（完成量250g，每罐使用50g）

栗子糊198g，黄油54g，牛奶16g，朗姆酒7g

香缇鲜奶油

生奶油140g，糖20g，朗姆酒5g

糖浆

水40g，糖50g，糖粉50g

完成

直径7cm、高度9cm的塑料罐，杰诺瓦士蛋糕2张，栗子奶油50g，香缇鲜奶油30g，蛋奶曲奇3个

准备

准备好直径为7cm、高度为9cm的塑料罐（参考p18）。将烤箱预热至100℃。提前做好杰诺瓦士蛋糕，片成1cm厚，然后压出10片直径为7cm的圆形备用（在切杰诺瓦士蛋糕的时候，利用类似曲奇切刀这样的工具，就能切成罐子大小的尺寸）。事先将糖浆制作好，冷却备用（参考p36）。

方 法

制作蛋白甜饼

①在蛋白中加入糖，隔水加热至60℃。不断用打蛋器搅拌，以保证蛋白不会被局部烫熟。

②待温度达到60℃时，将蛋白液从水中取出，用电动打蛋器打发，质地坚硬的蛋白糊就做好了。

③在②中撒上糖粉，用刮刀搅拌至顺滑。

④将制作完成的蛋白糊装入圆形裱花嘴中，挤到烤盘上（使用直径为1.8cm的圆形裱花嘴），在预热至100℃的烤箱中烤制1个小时以上。等内里熟至质地坚硬时，蛋白甜饼就做好了。[1]

制作栗子奶油

⑤将栗子糊和黄油仔细搅拌开，避免结块。因为栗子糊质地结实，需要用力搅拌。

⑥待两种材料都混合均匀后，加入牛奶和朗姆酒，用电动打蛋器快速搅拌至奶油颜色变淡、质地变软，这样栗子奶油就做好了。将做好的栗子奶油装入蒙布朗裱花嘴（当需要的奶油是细长面条形状时使用此裱花嘴）中。

制作香缇鲜奶油

⑦将生奶油、糖、朗姆酒全部放入盆中，用电动打蛋器打发至8分，香缇鲜奶油就做好了（参考p34）。将制作好的香缇鲜奶油盛入裱花袋中，以便装罐。

完成

⑧在准备好的罐子中，放入一片杰诺瓦士蛋糕，刷上糖浆，然后挤入香缇鲜奶油（约15g），再在上面覆薄薄一层栗子奶油（约25g）。然后将上述过程再重复操作一遍，最后将之前做好的蛋白甜饼放入罐中，撒上糖粉，这样蒙布朗罐蛋糕就做好了。

---

1 蛋白甜饼需在低温下烤制，让水分慢慢蒸发，才能不变色，而且内里也能完全熟透。在100℃以下烤制，从中间取出一个，用刀切开，确认内里是否完全熟透，然后再全部取出。蛋白甜饼可以事先烤制好，以作为装饰用。因为蛋白甜饼容易受潮，所以要密封好，放在阴凉的地方保存。

动手尝试一下
因装在罐中
而更美味的
法式蒙布朗蛋糕吧!

❶	❷	❸
❹		❺
❻		❼
❽		❾
❿		⓫

核桃杏软奶酪果冻罐蛋糕

WALNUT APRICOT

———————— Recipe23 ————————

只要是奶酪做的蛋糕，无论是哪种都很美味。其中有着绵软奶酪口感的软奶酪蛋糕，是一种万能甜点，它无论与哪种水果搭配，口味都很出色。在软奶酪蛋糕上撒满香喷喷的核桃碎，再加上甘甜的杏，就成了一款很多人喜爱的甜点。

核桃杏软奶酪果冻罐蛋糕

5个165ml weck罐的量

原 料

奶酪慕斯（完成量225g，每罐使用45g）

马斯卡彭41g，奶油奶酪53g，糖12g，麦芽糖6g，柠檬汁4g，生奶油103g，吉利丁片3g

核桃碎（完成量100g，每罐使用20g）

黄油23g，黄砂糖18g，低筋面粉23g，扁桃仁粉23g，食盐1g，核桃碎27g

完成

165ml的weck罐，奶油慕斯45g，核桃碎20g，杏50g（5罐的量，共250g）

准备

准备165ml weck罐（参考p18）。准备250g杏，可以是生杏或杏罐头。将其切成适宜入口的大小，置于洗碗巾上，沥干水分。将吉利丁片放入凉水中泡发，烤箱预热至170℃。

方 法

制作核桃碎

①在盆中放入蜡状的黄油（参考p102），然后加入黄砂糖、低筋面粉、食盐等全部材料，用手反复揉按，然后将其团成一个个小面糊。最后加入核桃碎，与做成的小面糊凝在一起。

②待其凝成菠萝包形状时，放入烤箱铁盘上铺开烤制。（170℃10分钟左右，一直烤至变成褐色，中间可以调整位置，使其均匀受热。）

制作奶酪慕斯

③用打蛋器将马斯卡彭和奶油奶酪打至绵软。加入糖，仔细搅拌后，再依次加入麦芽糖和柠檬汁，用打蛋器搅拌均匀。

④将在水中泡发的吉利丁片用微波炉或隔水加热融化，然后加到③中。

⑤加入打发至7分的生奶油（参考p34），搅拌均匀，奶酪慕斯就做好了。

完成

⑥在准备好的罐子中加入杏（约50g），然后放入奶酪慕斯（约45g），最后加入提前烤好冷却的核桃碎（约20g），这样核桃杏软奶酪果冻罐蛋糕就做好了。

来自尤为特别的奶酪罐蛋糕的感动

甜南瓜罐蛋糕

SWEET PUMPKIN

—————— Recipe24 ——————

能在清晨充饥、具有饱腹感且暖心的甜点，我想推荐甜南瓜罐蛋糕。放满熟的甜南瓜烤制出来的蛋糕，金黄色的瓜瓤儿带来新鲜的视觉享受，熟透的甜南瓜带来香甜的味觉享受。准备好可以在烤箱中使用的玻璃罐，加入蛋糕糊，放入冰箱，次日清晨取出，只需撒上坚果碎，马上就可以享用到烤制而成的暖心蛋糕了。可以趁热吃，变凉后也是质地软嫩香味十足，所以在这里想把这款罐蛋糕推荐给大家。

甜南瓜罐蛋糕

5个230ml 梅森矮罐的量

原 料 ————————————————

甜南瓜蛋糕糊（完成量600g，每罐使用120g）

黄油145g，黄砂糖53g，糖79g，鸡蛋79g，蛋黄33g，扁桃仁粉26g，高筋面粉66g，玉米淀粉20g，发酵粉2.6g，南瓜粉13g，南瓜（熟南瓜）106g

核桃碎（完成量150g，每罐使用30g）

黄油30g，黄砂糖3g，糖21g，低筋面粉30g，扁桃仁粉30g，食盐1g，核桃碎36g

完成

230ml 梅森矮罐，甜南瓜蛋糕糊120g，核桃碎30g

准备

准备230ml 梅森矮罐（参考p18）。将甜南瓜去籽后，切成1cm³大小，放入容器中，覆一层食品保鲜膜，放入微波炉中。（持续加热至稍变透明、变松软。）烤箱预热至170℃，面粉类（扁桃仁粉、高筋面粉、玉米淀粉、发酵粉、南瓜粉）一起称重，过筛后备用。

方 法 ————————————————

制作甜南瓜蛋糕糊

①将黄油融化成蜡状（参考p102）。将黄砂糖和糖一点点地加入盆中，用打蛋器搅拌至发白。

②将鸡蛋和蛋黄一起搅拌打散，一点点加入①中，边加边搅拌。注意要一点一点地倒，防止鸡蛋与黄油油水分离。

③待面糊变顺滑，将面粉类材料全部倒入盆中，用刮刀进行搅拌。

④当面糊混合至一定程度时，加入熟南瓜，仔细搅拌，这样甜南瓜蛋糕糊就做好了。

制作核桃碎

⑤在盆中放入蜡状的黄油，然后加入黄砂糖、低筋面粉、食盐等全部材料，用手反复揉按，然后将其团成一个个小面糊。最后加入核桃碎，与做成的小面糊凝在一起。将之放入冰箱中保存片刻，以固定形状。

完成

⑥在准备好的罐子中装入制作好的甜南瓜蛋糕糊（约120g），然后在蛋糕糊上边覆上一层核桃碎（约30g）。最后将罐子放入预热至170℃的烤箱中，烤制30分钟左右即可。

❶	❷
❸	❹
❺	❻-1
❻-2	

红薯奶酪火锅罐蛋糕

SWEET POTATO

这里所说的奶酪火锅是瑞士的传统料理，是将面包或水果等串在签子上，蘸着融化的奶酪来吃。在盛产奶酪的国家，奶酪的烹制方法有很多。其中，提起奶酪，脑海中立即浮现出的瑞士奶酪火锅。叉起一块蘸上奶酪的面包，奶酪便会拔丝，这种场景让人不禁垂涎欲滴，的确值得品味一番。香甜的红薯奶油与奶酪搭配起来很是和谐。喷香的红薯奶油加上杰诺瓦士蛋糕切片，再加上两种奶酪的话，就可以做成一道红薯奶酪罐蛋糕了。无论是作为填饱肚子的主食，还是作为孩子们的零食，都非常合适。

红薯奶酪火锅罐蛋糕

5个470ml梅森罐的量

原 料

杰诺瓦士蛋糕（参考p28）

1cm³ 大小的方块100g

红薯奶油（完成量550g，每罐使用110g）

红薯384g（普通大小的红薯约3个），糖77g，食盐1g，生奶油160g，朗姆酒12g

糖浆

水40g，糖20g，朗姆酒6g

完成

470ml 梅森罐，杰诺瓦士蛋糕20g，红薯奶油110g，古老也奶酪20g（5罐的量，共100g），埃曼塔奶酪20g（5罐的量，共100g）

准备

准备470ml梅森罐（参考p18）。提前做好杰诺瓦士蛋糕，切成1cm³ 大小的方块。将红薯洗净去皮，备用。将古老也奶酪和埃曼塔奶酪切成小块，备用。糖浆事先熬制好（参考p36）。

方 法

制作红薯奶油

①将红薯切成小块，裹上食品保鲜膜，放入微波炉加热至熟透（不用微波炉、用锅蒸熟亦可）。

②在热红薯中加入糖和食盐，用工具捣碎。

③加入生奶油和朗姆酒，用搅拌器进行研磨。

④红薯奶油完成。待红薯奶油冷却好，将其盛入裱花袋，以便装罐。

完成

⑤在准备好的梅森罐中装入杰诺瓦士蛋糕（约10g），用刷子刷一层糖浆。

⑥填一层红薯奶油（约55g）。

⑦将古老也奶酪和埃曼塔奶酪各加入10g，然后将上述从放杰诺瓦士蛋糕到奶酪的整个过程重复操作一遍。

⑧将做好的罐蛋糕放入200℃的烤箱中，烤至奶酪融化、变为乳黄色。蛋糕趁热食用口感最好（红薯奶油和杰诺瓦士蛋糕都是事先做好的，所以如果奶酪融化，制作过程也就结束了）。

柚子&巧克力罐蛋糕

YUJA CHOCOLATE

———————— Recipe26 ————————

散发着柚子香味的巧克力慕斯，您一定很好奇它究竟有什么样的口感吧。它不是口味浓重的巧克力蛋糕，而是一种清淡的甜香留存齿间、质地松软的巧克力罐蛋糕。柚子巧克力罐蛋糕是在柚子巧克力慕斯中加入柚子香缇鲜奶油，其味道更加香甜、质地更加绵软。

柚子&巧克力罐蛋糕

5个80ml weck罐的量

原料

巧克力饼干（参考p30）

1cm³ 大小的方块25g

柚子巧克力慕斯（完成量150g，每罐使用30g）

牛奶巧克力35g，生奶油35g，柚子蜜饯16g，生奶油85g

柚子香缇鲜奶油（完成量150g，每罐使用27g）

生奶油125g，马斯卡彭28g，柚子蜜饯19g，君度6g

糖浆（仅需1/2的量）

水40g，糖20g，君度6g

完成

80ml weck罐，巧克力饼干5g，柚子巧克力慕斯30g，柚子香缇鲜奶油27g

准备

准备80ml weck罐（参考p18）。用料理机将柚子蜜饯研磨成漂亮的颗粒状。提前做好巧克力蛋糕底，然后切成1cm³ 大小的方块。待糖浆熬制好后，冷却备用（参考p36）。

方法

制作柚子巧克力慕斯

①将35g生奶油和柚子蜜饯搅拌均匀后，煮至边缘轻沸。把煮好的生奶油和柚子蜜饯倒入牛奶巧克力中，搅拌以使巧克力融化。

②将剩下的85g生奶油打发至8分，以备使用（参考p34）。将①加入打发好的奶油中，仔细搅拌，这样柚子巧克力慕斯就做好了。将做好的柚子巧克力慕斯盛入裱花袋中，以便装罐。

③在准备好的罐子中，装入大约5g 巧克力蛋糕底。刷上糖浆后，盛入约30g柚子巧克力慕斯，然后放入冰箱冷冻约1小时，使其凝固。

制作柚子香缇鲜奶油

④将所有的材料加入盆中，用电动打蛋器打发至8分（参考p34）。将其装入裱花袋（裱花嘴1cm）中，以便在罐蛋糕的表层加以装饰。

完成

⑤将凝固好的柚子巧克力慕斯取出，用做好的柚子香缇鲜奶油在上面挤出造型。最后用橙子皮或薄荷加以装饰，柚子巧克力罐蛋糕就做好了。

❶-1	❶-2
❶-3	❷
❸-1	❸-2
❹	❺

双层奶酪罐蛋糕

CHEESE

———— Recipe27 ————

奶酪蛋糕与咖啡是绝配，而且深受大众喜爱，一直占据着咖啡店里热卖产品的位置。其中有厚重丰富的纽约奶酪蛋糕，也有轻巧软嫩的舒芙蕾奶酪蛋糕，还有柔嫩的软奶酪蛋糕，总之，无论哪种奶酪蛋糕都非常美味。那么如果将厚重的烤奶酪蛋糕和口感软嫩的软奶酪蛋糕做成一个蛋糕的话会是怎样的呢？这样看来，双层奶酪蛋糕获得双倍喜爱也是理所当然的。

双层奶酪罐蛋糕

5个230ml 梅森罐的量

原料

烤奶酪蛋糕（完成量550g，每罐使用110g）

奶油奶酪268g，糖54g，黄油54g，低筋面粉12g，蛋白10g，生奶油130g，柠檬汁13g，柠檬皮3g

软奶酪蛋糕（完成量400g，每罐使用80g）

马斯卡彭74g，奶油奶酪96g，糖22g，麦芽糖12g，柠檬汁7g，吉利丁片5g，生奶油185g

杰诺瓦士蛋糕屑（完成量50g，每罐使用10g）

将做好的杰诺瓦士蛋糕磨出需要的碎屑

完成

230ml 梅森罐，烤奶酪蛋糕110g，软奶酪蛋糕80g，杰诺瓦士蛋糕屑10g

准备

准备230ml 梅森罐（参考p18）。将面粉过筛，烤箱预热至150℃。将吉利丁片用凉水泡发，用料理机将杰诺瓦士蛋糕磨成屑备用。

方法

制作烤奶酪蛋糕

①将奶油奶酪软化后，将糖一点点加入，然后用打蛋器打至顺滑。加入蜡状黄油（参考p102），进行搅拌。然后将低筋面粉、蛋白、鲜奶油、柠檬汁、柠檬皮依次一点点加入，用打蛋器搅拌均匀。重点是搅拌时注意不要有结块。

②在准备好的罐子中装入奶酪蛋糕糊（约110g），在预热至150℃的烤箱中烤制20分钟。把烤好的奶酪蛋糕连同罐子取出，冷却至室温备用。

制作软奶酪蛋糕

③将马斯卡彭和奶油奶酪用打蛋器打散，将糖、麦芽糖和柠檬汁依次放进盆中，搅拌至顺滑，注意不要结块。把在水中泡发的吉利丁片取出，沥干水分，加热融化。然后将融化的吉利丁片加入盆中，快速搅拌，最后加入打发至6分的生奶油，这样软奶酪蛋糕底糊就做好了。

完成

④在完全冷却的奶酪蛋糕上放上软奶酪蛋糕（约80g）。然后将其放入冰箱冷藏1小时以上，使软奶酪慕斯凝固。

⑤在做好的奶酪蛋糕表层撒上蛋糕屑，这样双层奶酪罐蛋糕就做好了。

给您带来饱腹感的早餐——咸味罐蛋糕！

咸味蛋糕指的不是有甜味的普通蛋糕，而是有咸味的蛋糕。

这是一种加入蔬菜或番茄奶酪等制作而成的正餐蛋糕。

玉米蛋黄酱罐蛋糕

MAYONNAISE

玉米蛋黄酱罐蛋糕是一款咸味蛋糕，可以原封不动地品尝到里面加入的食材味道。所以可以根据个人口味，选择加入蔬菜、蘑菇、奶酪、香肠等制作这款蛋糕。热乎乎的玉米蛋黄酱罐蛋糕无论是作为早餐还是作为午餐都是不错的选择。事先将蛋糕糊做好，装入玻璃罐中，等次日直接将玻璃罐放入烤箱烤好就可以食用了。

玉米蛋黄酱罐蛋糕

5个230ml 梅森罐的量

原 料 ————————————————————

玉米蛋黄酱蛋糕糊（完成量675g，每罐使用135g）

鸡蛋125g，牛奶114g，食盐5g，低筋面粉114g，发酵粉4.5g，帕玛森干酪34g，蛋黄酱29g，胡椒少量，玉米罐头（用筛子筛过，沥干水分备用）114g，马苏里拉奶酪34g，古老也奶酪（蛋糕表层用）46g

准备

准备230ml 梅森罐（参考p18）。面粉过筛备用，烤箱预热至180℃。将古老也奶酪切成小块备用。

方 法 ————————————————————

制作玉米蛋黄酱蛋糕糊

①将鸡蛋打散，然后加入牛奶和食盐，用打蛋器搅拌均匀后，放入帕玛森干酪，进行搅拌。
②加入过筛的低筋面粉和发酵粉，搅拌均匀。
③在②中加入蛋黄酱、胡椒、玉米和马苏里拉奶酪，进行搅拌，这样玉米蛋黄酱蛋糕糊就做好了。

完成

④将制作好的蛋糕糊（约135g）装入罐中，在表层撒上古老也奶酪碎块。
⑤将玻璃罐放入预热好的烤箱中进行烤制即可（温度180℃，时间30分钟）。

❶-1	**❶**-2
❸-1	**❸**-2
❸-3	**❸**-4
❹	

黑森林罐蛋糕

CHERRY

—————— Recipe29 ——————

取意"黑色树林"的黑森林罐蛋糕指的是加入樱桃制作而成的口味浓郁的巧克力蛋糕。

黑森林罐蛋糕

5个290ml weck罐的量

原 料

巧克力蛋糕（参考p30）

5片圆形（直径6.3cm×厚度1cm），5片圆形（直径7cm×厚度1cm）

巧克力慕斯（完成量225g，每罐使用45g）

黑巧克力51g，生奶油51g，生奶油124g

香缇鲜奶油樱桃酒（完成量275g，每罐55g）

生奶油220g，马斯卡彭31g，糖22g，樱桃酒11g

糖浆

水40g，糖20g，樱桃酒7g

完成

290ml weck罐，巧克力蛋糕底（1片直径6.3cm，1片直径7cm），巧克力慕斯45g，

樱桃酒香缇鲜奶油55g，糖浆适量，黑樱桃5个（5罐的量，共准备25个），装饰用的研磨巧克力适量

准备

准备290ml weck罐（参考p18）。提前做好巧克力蛋糕底，片成1cm厚，然后分别压出直径为6.3cm和直径为7cm的圆形各5片。糖浆熬制好，冷却备用。将樱桃对半切开，去籽后置于洗碗巾上，沥出多余的水分。准备好装饰用的巧克力（将块状的巧克力用刀等工具刮成薄片，为防止巧克力溶化，请放于冰箱保存）。

方 法

制作巧克力慕斯

①将51g生奶油加热至80℃左右后，放入黑巧克力中，使之乳化，这样巧克力甘纳许就做好了。
②将124g生奶油打发至6分，和①的巧克力甘纳许混合，做成巧克力慕斯。将做好的巧克力慕斯盛入裱花袋中，以便装罐。

制作樱桃酒香缇鲜奶油

③将马斯卡彭、糖、樱桃酒全部放入到装有生奶油的盆中，用电动打蛋器将其打发至8分（参考p34）。将制作好的樱桃香缇鲜奶油盛入裱花袋中，以便装罐。

完成

④在准备好的罐子中，先装入樱桃酒香缇鲜奶油（约100g）。
⑤铺上巧克力蛋糕底，然后刷上糖浆，挤入巧克力慕斯（约15g）。然后在上面放上樱桃，再用巧克力慕斯加以覆盖（约30g）。
⑥铺一层巧克力蛋糕底，刷上糖浆后，挤入樱桃酒香缇鲜奶油（约35g），这样黑森林罐蛋糕就基本做好了。
⑦最后在蛋糕表层用研磨好的巧克力或樱桃加以装饰，即可完成黑森林罐蛋糕的制作。

❶	❷
❸	❺
❻	❼

利用散发着樱桃香的巧克力、樱桃制作蛋糕，再配以樱桃制作的樱桃酒，使得樱桃的口味更加浓郁。黑森林蛋糕为表现黑森林意境，将巧克力研磨成薄薄一层来装饰表层，同时将蛋糕装入玻璃罐中，让我们可以更轻松地享用这道甜点。巧克力慕斯与香缇鲜奶油是非常经典的搭配。这款甜点也可使用其他水果来制作。

巧克力的魅力来自于它香甜中又带有几分苦涩，
就像装满蜂蜜的蜜罐一样，
从装满巧克力的巧克力罐中
吧嗒吧嗒落下一颗颗巧克力，该是多么美好啊！
铺满巧克力慕斯的巧克力罐蛋糕，
是在需要用巧克力来补充能量时
最棒的甜点。
巧克力慕斯在口中悄然融化，
有着浓浓巧克力糖浆湿润口感的巧克力蛋糕底，
将那份香甜而又略带苦涩的巧克力余韵久久留存齿间。

巧克力罐蛋糕

CHOCO-POT

Recipe30

巧克力罐蛋糕

5个220ml weck罐的量

原料

巧克力饼干（参考p30）

1cm³ 大小的方块70g

巧克力慕斯（完成量400g，每罐使用80g）

蛋黄糊（蛋黄53g，糖24g，水24g），黑巧克力107g，生奶油215g，朗姆酒7g

巧克力糖浆

水50g，糖23g，可可粉12g

镜面巧克力（完成量100g，每罐使用10g）

水30g，生奶油30g，糖30g，麦芽糖3g，可可粉15g，吉利丁片2g

完成

220ml weck罐，巧克力饼干14g，巧克力慕斯80g，镜面巧克力10g，巧克力糖浆适量

准备

准备220ml weck罐（参考p18）。将做好的巧克力蛋糕底切成1cm³ 大小的方块备用。将吉利丁片放入凉水中泡发备用。

方法

制作巧克力糖浆

①将糖和可可粉充分混合后，加入水一起煮。将做好的质地浓稠的糖浆冷却后备用。

制作镜面巧克力

②将水、生奶油、糖、麦芽糖和可可粉全部放入锅中，煮至沸腾时关火。将在水中泡发的吉利丁片放入锅中，使之融化。过筛后放置片刻，待其冷却后使用。

制作巧克力慕斯

③将糖和水加入盛有蛋黄的打蛋盆里，置于沸水中隔水加热，边加热边中速搅拌。将温度加热至80℃以上，鸡蛋已杀菌并开始变黏稠时，将打蛋盆从沸水中取出，在冷却至室温前快速打发，做成蛋黄糊。

④在做好的蛋黄糊中加入黑巧克力，融化后搅拌均匀。最后加入打发至7分的生奶油（参考p34），搅拌至平滑，这样巧克力慕斯就做好了。

完成

⑤在准备好的罐子中，加入巧克力蛋糕底（约7g），刷上充足的糖浆后挤上巧克力慕斯（约57g），之后再铺一层巧克力蛋糕底（约7g），刷上糖浆。最后在蛋糕表层再挤入一层平整的巧克力慕斯（约23g），巧克力罐蛋糕就完成了。

杏仁奶油果仁糖罐蛋糕

ALMOND

———————————— Recipe31 ————————————

如果有一天，想来一杯热咖啡配甜点的话，我会将切好的杏仁放进烤箱中烤制。当厨房弥漫着烤坚果散发出的香味时，心情也随之慢慢晴朗起来。果仁糖是指将坚果类焦糖化的糖果。所以利用果仁糖制作而成的奶油可以让食客们享受到最纯正坚果的芳香和甘甜。口感绵软的杏仁奶油和蛋糕表层那些嚼起来嘎嘣脆的杏仁制作而成的果仁糖罐蛋糕，跟咖啡搭配起来，绝对是一次难忘的味觉体验。

杏仁奶油果仁罐蛋糕

5个165mlweck罐的量

原 料

咖啡杰诺瓦士蛋糕（参考p29）

1cm³ 大小的方块75g

果仁糖香缇鲜奶油（完成量250g，每罐使用50g）

生奶油200g，杏仁果仁糖64g

杏仁切块（每罐使用10g）

切块的杏仁50g

完成

165mlweck罐，咖啡杰诺瓦士蛋糕15g，果仁糖香缇鲜奶油50g，烤好的杏仁切块10g

准备

准备165ml weck罐（参考p18）。将咖啡杰诺瓦士蛋糕切成1cm³ 大小的方块，糖浆事先熬制好，冷却备用（参考p36）。

方 法

制作杏仁切块

①将准备好的杏仁切块铺在烤箱铁盘上，烤至杏仁变成浅褐色，注意在烤制过程中，适当调整杏仁的位置，使其均匀受热（温度约170℃，时间为10分钟）。

制作果仁糖香缇鲜奶油

②在杏仁果仁糖中加入一部分生奶油，轻轻搅拌打散。

③将剩余的生奶油倒入盆中。

④将③打散后，用电动打蛋器打发至8分（参考p34）。将做好的果仁糖香缇鲜奶油盛入裱花袋，以便装罐。

完成

⑤在准备好的罐子中装入咖啡杰诺瓦士蛋糕（约15g），刷上糖浆。

⑥填上果仁糖香缇鲜奶油（约50g）。

⑦放上准备好的杏仁切块（约10g），然后撒上奶酪粉，这样杏仁果仁罐蛋糕就做好了。

❶	❷
❸	❹
❺	❻

巧克力丝绒罐蛋糕

CHOCO VELVET

———————— Recipe32 ————————

罐蛋糕的魅力之一就在于，不需要特意准备模具，只需将蛋糕糊倒入罐中就可以烤制了。一般的蛋糕在制作时，需要寻找合适的模具来装蛋糕糊，烤完后还要寻找尺寸相符的盒子来包装，而罐蛋糕则省去了这些烦琐的步骤，只需将蛋糕糊装入玻璃罐中，烤完后封口即可。

这款巧克力丝绒罐蛋糕，烤完之后的纹理像丝绒一样细软，又因为是罐蛋糕，又可以很好地保持湿润的口感。不用特意加任何奶油，直接食用也能享受到不错的口感。如果某一天突然想吃口味浓郁的巧克力蛋糕，我想向您推荐巧克力丝绒罐蛋糕。

巧克力丝绒罐蛋糕

5个118ml梅森罐的量

原 料

巧克力丝绒蛋糕糊（完成量400g，每罐使用80g）

黄油72g，糖48g，蛋黄54g，蛋白48g，糖24g，低筋面粉36g，黑巧克力132g

完成

118ml 梅森罐，巧克力丝绒蛋糕糊80g，奶酪粉适量

准备

准备118ml 梅森罐（参考p18）。将黑巧克力隔水加热，使其融化。

方 法

制作巧克力丝绒蛋糕糊

①将黄油置于室温中软化成蜡状，打散（参考p102）至质地柔软时加入糖，然后用打蛋器打至发白。

②在①中将蛋黄一次性全部加入，然后用打蛋器打至表面光滑后，加入筛过的面粉，用刮刀搅拌至看不见生面即可。

③在蛋白中分三次加入糖，边加边搅拌，打至硬性发泡。

④在③中倒入②，用橡胶刮刀慢慢搅拌。

⑤搅拌至光滑时，加入事先融化好的黑巧克力，充分搅拌，蛋糕糊就做好了。

⑥将做好的蛋糕糊装入罐中（约80g），在170℃的烤箱中烤制20分钟即可。

完成

⑦将蛋糕连罐从烤箱中取出，冷却后在表层撒上奶酪粉，巧克力丝绒罐蛋糕就制作完成了。

❶	❷-1
❷-2	❸
❹-1	❹-2
❺	❻

后记

让我们在玻璃罐的陪伴下幸福地烘焙吧！

在过去的一年间，我收集了各种各样的玻璃罐，
一直在为用什么样的罐子烤什么样的蛋糕而苦恼。
为了向大家介绍更美味的食谱，做了无数次尝试。
当然，这些都是为了研究出实用的罐蛋糕食谱而做出的努力。
我希望这本书能给读者带来视觉上的享受，更希望各位读者能够照着
这些食谱亲自实践。

准备这些食谱很辛苦，但它们于我更多的是幸福。
希望我真挚的祝福能通过这32款罐蛋糕传达给每一位读者。

有的人因想寻找更简便的蛋糕烘焙方法而接触罐蛋糕，
有的人可能是第一次听说罐蛋糕，
有的人仅仅是因为喜欢玻璃罐，所以对用罐子
制作甜点感兴趣，从而接触了罐蛋糕，
还有的人是想寻找一款适合作为礼物送人的甜点才接触罐蛋糕……

总之出发点可能各不相同。
不管是出于何种理由，都希望大家能够在制作蛋糕的过程中体会到烘
培的乐趣。希望大家在亲自制作罐蛋糕的过程中，找到满满的幸福
感。最后，希望大家通过制作罐蛋糕，更加贴近、更加热爱烘焙。